国家自然科学基金青年科学基金项目（51304068）资助

裂隙岩石非线性力学特性

牛双建　杨大方　冯文林　白龙威　著

中国矿业大学出版社

·徐州·

内 容 提 要

为了能够全面揭示不同应力条件下裂隙岩体的力学特性,本书对采用不同手段得到的裂隙岩石开展了瞬时加载、循环加载、长期蠕变、锚固加载等的试验与数值模拟研究,得到了裂隙岩石自然、饱水状态下应力-应变特征、强度、声发射特性及变形参数损伤劣化规律,获得了单、三轴蠕变力学特性,并建立了蠕变本构模型。由预制裂隙岩石得到了岩桥倾角、岩桥宽度对强度及变形力学特性、宏观破坏模式内在影响规律,并通过锚注加固手段系统获得了再次加载破坏的力学特性、承载特性以及声发射特性。研究成果全面、系统地揭示了隧(巷)道工程围岩在多力场作用下的变形演化特征。

本书可供岩土工程专业的本科生、研究生及工程技术人员参考使用。

图书在版编目(C I P)数据

裂隙岩石非线性力学特性/牛双建等著. —徐州:
中国矿业大学出版社,2024.1
ISBN 978 - 7 - 5646 - 6151 - 9

Ⅰ. ①裂… Ⅱ. ①牛… Ⅲ. ①裂隙—岩石力学—非线
性力学—研究 Ⅳ. ①TU454

中国国家版本馆 CIP 数据核字(2024)第 043717 号

书　　名	裂隙岩石非线性力学特性
著　　者	牛双建　杨大方　冯文林　白龙威
责任编辑	杨　洋　满建康
出版发行	中国矿业大学出版社有限责任公司
	(江苏省徐州市解放南路　邮编221008)
营销热线	(0516)83885370　83884103
出版服务	(0516)83995789　83884920
网　　址	http://www.cumtp.com　E-mail:cumtpvip@cumtp.com
印　　刷	江苏淮阴新华印务有限公司
开　　本	787 mm×1092 mm　1/16　印张9　字数 230 千字
版次印次	2024 年 1 月第 1 版　2024 年 1 月第 1 次印刷
定　　价	54.00 元

(图书出现印装质量问题,本社负责调换)

前　　言

　　裂隙岩体在地下工程建设中十分常见,隧(巷)道的开挖会导致岩体初始应力场重新分布,岩体受力状态会产生很大改变,且岩体中含有大量的原生裂纹裂隙以及结构面,以及由于应力作用而产生新的裂隙等,致使岩体内部结构十分复杂,正是因为结构复杂性,其力学特性多表现为高度非线性。由于岩体稳定是工程长期服役的基础,其稳定性控制一直以来是工程技术人员研究的重要内容,因而揭示裂隙岩体不同应力状态的力学特性对于提出科学合理的支护加固策略将产生积极作用。

　　截止到目前,笔者对裂隙岩体开展了瞬时加载、循环加载、单三轴蠕变、锚注加固试验研究,揭示了裂隙岩体在不同应力状态下的力学特性,并建立了量化关系,为推动裂隙岩体力学的发展和裂隙岩体稳定性控制做出了一点贡献。本书第一作者自2008年起就有计划地开始了裂隙岩体力学的创新研究,并分别向国家自然科学基金、中国矿业大学深部岩土力学与地下工程国家重点实验室、河南理工大学深部矿井建设重点学科开放实验室以及中国博士后科学基金委员会等申报了深部围岩裂隙岩体相关的多项基金课题。

　　截至2023年,上述课题的研究已经全部完成,依托上述研究课题,笔者已经发表了多篇学术论文并获得多项发明专利。本书中已经基本构建起了裂隙岩体在瞬时荷载、疲劳荷载以及长期荷载作用下的力学理论体系,研究成果可为岩体稳定性控制提供一定的理论基础。

　　书中不足之处敬请广大读者批评指正。

著　者

2023 年 7 月

目　　录

1 绪 论

1.1 研究背景与意义

近年来,随着国家"西部大开发"战略和"一带一路"倡议的实施,岩体工程建设规模扩大,数量增多,工程实施难度和质量要求日益提高[1-2]。但是在工程建设发展的同时随之而来的是灾害事故的不断发生,例如,川藏铁路隧道构造应力下的大变形,锦屏水电站修建过程中的边坡失稳,深井巷道围岩的大面积剥落、岩爆等[3-5],岩体稳定性控制已经逐渐成为制约工程建设快速发展的瓶颈。

漫长的地质演变过程及复杂应力环境使工程岩体内部产生大量非连续且形态不规则的裂隙、裂纹、孔洞、节理等微缺陷[6-7]。微缺陷的存在造就了工程中常见的结构体——裂隙岩体,工程的稳定性受到裂隙岩体的控制,裂隙岩体具有与完整岩石不同的显著非线性力学特征,因而,对裂隙岩体力学特性的正确评价及变形破坏特性的揭示成为工程岩体稳定控制原理与技术的关键及核心内容。

对于岩体工程,围岩是否稳定取决于围岩自身力学特性及其所处应力环境,这使二者成为岩体力学工程领域研究的两大永恒主题。裂隙岩体在工程建设及使用过程中会受到不同应力的作用[8-13]。例如,铁路隧道、深井巷道初始开挖时硐室围岩由于原岩应力的释放产生变形破坏,即瞬时应力作用的影响;围岩在支护结构作用后会达到稳定,原岩应力重分布也基本完成,硐室围岩近似受力基本恒定,在长期服役期内会在恒定应力下产生变形,即长期流变作用的影响;建设期内周期性的开挖支护以及服役期内车辆周期性通过,这些行为会对硐室围岩产生周期性的加载与卸载作用,即疲劳影响。如何准确认识裂隙岩体在不同受力环境中的力学特性,已成为保证安全开挖、高效施工和长期服役稳定的关键。

针对不稳定岩体,必要的支护手段是保证工程长期稳定性的基础,相比其他支护方式,锚杆支护具有施工劳动强度低、施工速度快、支护效果好、支护成本低等优点[14-16]。但是超大规模工程的围岩的破碎程度和破碎范围往往较一般工程围岩的明显增大,致使锚杆在极其破裂围岩内无法形成坚实的着力点,其作用效果逐渐减弱,甚至消失。注浆是对极其破裂围岩进行加固常用的一种有效手段,浆液使围岩破裂面再次胶结,改善了破裂面的力学性能,增大围岩内部块体间相对位移的阻力,将围岩重新胶结成整体,为锚杆支护提供可靠的着力基础,从而使支护体与围岩共同作用形成有效的承载结构,维护围岩的稳定[17-18]。因而开展锚注加固后裂隙岩体力学特性及其加固机理领域相关内容的系统研究对解决长期以来制约该类工程快速发展的稳定控制关键科学问题,具有重要的理论意义与实际应用价值。

1.2 国内外研究现状

1.2.1 裂隙岩石瞬时力学特性

岩石作为地壳的主要组成部分,是岩体工程活动的主要对象。岩体工程开挖以后,围岩中的高地应力重新调整,围岩由于力的作用,其内部产生各种裂隙。为了揭示裂隙岩石的瞬时力学特性,许多学者开展了大量研究。随着计算机技术的发展,数值分析应用越来越广泛,各种数值模拟软件对于揭示裂隙岩体力学特性起到了十分重要的作用。

朱建明等[19-20]对峰后裂隙岩石的滑移剪胀特性进行了研究,研究结果表明:处于峰后破坏状态的裂隙岩石存在明显的体积膨胀效应,这种体积膨胀其实是破裂岩块间的相对滑动引起的,而这种岩块之间的相对滑动由岩石的主控破裂面控制。地下工程围岩的强度也是影响其稳定性的重要因素,特别是处于峰后状态的损伤破裂围岩。杨米加等[21]进行裂隙岩石强度试验研究,研究结果表明:处于峰后状态的岩石本质上是不连续的,随着围压的增大其性质慢慢接近连续性物质,而其强度特性由不稳定状态向稳定状态过渡,采用连续性介质的研究方法研究峰后岩石更方便。陈庆敏等[22-23]采用自行设计的一种新型的测量侧向变形的位移传感器对裂隙岩石的横向变形进行量测,得到了岩石峰后残余强度与围压的定量关系,研究结果表明:岩石峰后的残余强度是由结构决定的,且对围压的变化较敏感,且残余强度已不再是岩石自身的性质,而属于岩块与岩块结构之间的性质。王汉鹏等[24]通过对处于峰后状态的裂隙岩石进行注浆加固前、后的对比来研究岩石峰后的力学性质,经过注浆加固的破裂岩石的残余强度与注浆前相比都有明显提高,使用相同的浆液进行加固时,破裂岩石自身的强度越高,注浆后其强度提高的也越高。同样的破裂岩石,注入的浆液黏结强度越高,被其加固的破裂岩石的强度也越高,此结论对于指导工程实践具有非常重要的价值。地下工程围岩大多数破坏由其抗剪强度决定,研究岩石抗剪强度具有重要的工程意义。张骞等[25-28]对裂隙岩石峰后曲线与抗剪强度的关系进行了研究,结果表明采用岩石峰后曲线所求得的抗剪强度可作为近似值,并提出了一种能够直观解释岩石峰后曲线物理意义的方法。周纪军等[29]对破裂状态的岩石进行抗剪强度试验,研究结果表明:在损伤破裂岩石的裂纹处于相对稳定的状态时,其抗剪强度降低的幅度很小;当损伤破裂岩石的裂纹处于不稳定状态时,其抗剪强度降低的幅度较大。尹小涛等[30]采用颗粒流数值模拟软件及 Fish 语言编程,实现不同加载速率的数值模拟试验,分析了加载速率对裂隙岩石裂纹扩展演化的影响,发现:加载速率的增大使岩石出现伪增强,岩石材料更破碎。刘树新等[31]通过对岩石峰后损伤破裂演化过程进行分析,借助 MATLAB 对 CT 图像进行处理,增强其视觉效果,为研究岩石峰后损伤破裂演化提供依据。毛灵涛等[32]在通过 X 射线 CT 实时获取红砂岩单轴压缩的三位数字图像的基础上,采用 DVC 法测量分析了试样受载过程中的应力、应变场,采用该方法所得结果能够较为直观地显现试样内部的局部应变特征,使岩石内部裂纹扩展演化变得可视化。

1.2.2 岩石蠕变力学特性

岩体工程中由于长期应力作用而导致的破坏失稳现象十分普遍,为了揭示蠕变变形规律,国内外许多学者进行了大量的研究工作,而室内试验、数值模拟以及工程长期监测是三种较为常用的手段。① 大量的室内蠕变试验研究揭示了岩石类材料蠕变变形破坏时的特性,对各种因素对蠕变特性的影响也能够很好地反映,但是岩体工程中大多数岩石都处于峰后阶段,含有许多裂隙,对裂隙岩石蠕变特性的研究却很少。② 由于蠕变试验耗时耗力,许多学者为了研究蠕变的特性都采用数值模拟方法,数值模拟软件能够很好地重现岩石类材料蠕变变形特征,但是许多数值模拟软件中都嵌入了经典的蠕变本构模型,这样进行的蠕变模拟不能真实反映岩石蠕变特征。③ 许多学者在研究蠕变破坏机理的同时,将研究成果与现场工程岩体相结合,进行更深入的研究工作。工程实践的监测能够真实地反映岩体在不同水文地质条件下的变形特性,可以为岩石工程的维护与控制提供很好的依据,但是对于地应力和多场耦合的现场监测依然不太尽人意,因此应该不断改进新的技术来完善。

刘保国等[33]对泥岩进行了不同荷载条件和时间的蠕变试验,并测得泥岩蠕变全过程中各力学参数(弹性模量、内聚力、内摩擦角)的变化值,建立应力、长期强度与时间的相对耦合指数函数关系式。梁卫国等[34]采用钙芒硝盐岩和氯化钠盐岩,研究岩石内部矿物成分在不同荷载条件下对岩石蠕变特性的不同影响。陈锋等[35]采用两种不同类型的岩石,进行了不同围压与轴压下的岩石流变试验,研究不同岩石的蠕变特性以及稳态蠕变率对偏应力的敏感程度,并且分析围压变化对岩石蠕变的敏感程度。Y. Sakamoto等[36]为了研究水对岩石特性的影响,利用人造甲烷水合物岩石,进行三轴排水压缩蠕变试验,对蠕变试验中时间变化和应力速率对蠕变特性进行定量分析,得出天然水合物与岩石力学特性的异同。P. Bérest等[37]进行了长达609 d的准静态三轴压缩条件下的蠕变试验,分析了蠕变每个阶段内应变与时间的关系以及围压对应变变化的抑制作用。M. J. Heap等[38]采用脆性岩石进行单轴、三轴条件下的蠕变试验,分析了脆性变形与时效性之间的关系以及每一个阶段内不同条件下变形曲线之间的差异性。Y. Fujii等[39]分别对干燥和含水砂岩进行了一系列三轴蠕变试验,分析不同条件下砂岩蠕变曲线中的3个点(轴向应变最小点、圆曲率最小点、圆曲率变化最小点)的特点。N. Brantut等[40]对地壳中的岩石进行了一系列不同含水率和围压条件下的三轴蠕变试验,探究岩石裂纹扩展的时效性与变形时效性。A. Hakan Özen等[41]利用不同高径比土耳其盐岩做了一系列单轴与三轴压缩蠕变试验,研究尺寸效应对岩石蠕变特性的影响。B. Mishra等[42]做了一些单轴与三轴页岩蠕变试验,探究岩石变形与时间的关系以及荷载加载范围对岩石蠕变破坏的影响。

刘小军等[43]对不同含水状态的浅变质板岩进行了单轴蠕变试验,并考虑水对蠕变参数的劣化效应,利用FLAC3D二次开发平台实现本构模型的程序化,通过数值模拟试验验证模型和程序的合理性。张敏思等[44]建立了含空隙的岩样Burgers蠕变模型,利用PFC对空隙岩样破坏全过程进行数值再现,模拟了不同的试样的宏观变形、损伤、破坏过程。周伟等[45]采用一种幂函数蠕变方程,模拟堆石料在高压下的蠕变,并对蠕变全过程中各蠕变参数的变化趋势进行了相应的分析与处理。王永岩等[46]对高应力下深部围岩的蠕变破坏过程进行数值仿真,应用Mohr-Coulomb Griffith破坏准则,获取了高应力条件下的岩石蠕变特性。邵祥泽等[47]采用Poynting-Thomson模型(H-M模型)嵌入FLAC3D程序进行模拟研究,并利用显式差分法的原理,对岩土或其他材料的蠕变特性进行模拟。高文华等[48]基于FLAC建立粉砂岩单轴压缩蠕变数值试验模型,自定义相应的程序模拟,并对模拟结果进行了分析。李连崇等[49]在分析(RFPA2D)系统的基础上引入岩石细观单元蠕变本构方程,提出了一种新的岩石破裂的数值模型,与此同时考虑蠕变过程中的时效性的影响。D. O. Potyondy 等[50-52]在平行黏结模型中(BPM)引入损伤速率概念,建立了应力腐蚀黏结模型(PSC),针对二维、三维模型进行了岩石蠕变强度特征分析,旨在研究蠕变破坏过程中的裂纹扩展规律。R. L. Kranz[53-54]采用巴利花岗岩进行蠕变试验研究,重点研究花岗岩在压缩过程中的裂纹扩展规律,并运用二维数值模拟软件进行拟合,得到花岗岩裂纹数量增长以及裂纹、缝隙之间的沟通关系。

G. G. Zaretskii-Feoktistov 等[55]通过对隧道岩石长期蠕变变形进行观测,介绍其蠕变的相关现象,以及黏弹性模型和数值模拟分析,对理想化的伯格斯模型进行改进以使其适用于岩石蠕变的真实试验变形曲线。S. N. Belousov 等[56]结合工程实践,采用气压-时间与变形-时间类比方法描述蠕变变形特征,效果十分好,该方法可以运用到工程实践中。Z. Tomanovic 等[57]以室内蠕变试验为基础,确定岩石收敛数据来定义蠕变指数,来建立一种程序,其可以准确地将现场实际与数值模拟结合在一起,提高了数值模拟的真实性。G. N. Boukharov 等[58]通过一系列室内泥灰岩蠕变试验,考虑到隧道施工中温度变化的有限性,提出一种只与时间有关的软岩蠕变模型,这种模型可以描述隧道开口处变形与时间的关系,可以直接用于工程指导。C. M. Lo 等[59]通过调查大量板岩边坡长期变形特征,分析板岩边坡在各种工况下重力驱动变形的特性,确定变形过程中以及潜在的破坏机理。N. Wawrzenitz 等[60]采集大量不同地质条件下的独居石,基于 DPC 机理研究其长期在水作用下的蠕变变形特性。K. Oohashi 等[61]分析了不同断层条件下石墨的长期蠕变变形特征,研究蠕变对岩层破坏失稳的影响。J. V. Smith[62]收集了南岛等大量具有稳定-倾倒变形失稳工程案例的相关监测数据,分析倾斜程度对岩体蠕变破坏的影响。

1.2.3　岩石锚注加固特性研究

锚注支护是将锚杆支护和注浆加固结合在一起,即通过特定的施工工艺将锚杆和注浆胶结体结合,形成一种类似钢筋混凝土的复合结构体,进而达到综合加固围岩的目的。具体的加固结合方式为:一是在实心锚杆加固岩体的基础上,对岩体实施注浆加固工艺,锚杆加固和注浆加固单独进行,但是最终结果却相互影响,这是目前较多采用的一种锚注方式;二是利用中空锚杆兼作注浆管,使锚、注同时进行,并最终形成锚注复合结构体。许多学者采用理论分析、模型试验以及数值模拟对锚注加固深入研究:① 基于弹塑性、连续介质和渗流力学等理论[63-65],建立围岩锚注区的应力、位移变化关系以及浆液渗透扩散规律等理论分析模型。另外,大部分研究都将锚注结构看作对围岩力学参数的改变或者一种恒载支护,未能反映锚注结构承载的时变规律,因此,有必要结合流变力学对锚注加固后破裂围岩力学特性及其强化机理进行理论分析和试验研究。② 室内物理模拟试验存在人为可控性、可重复性等优点,但是由于缺乏有效的室内锚注物理模拟系统以及试验数据监测采集系统,因而室内锚注试验研究步伐缓慢,研究多集中在现场工业性试验[66-70],有必要进一步研制便捷、高效的集加锚、注浆加固、应力位移等数据监测采集等系统一体化的试验设备,继续深入开展锚注加固体领域的研究工作。③ 许多学者采用数值模拟方法对围岩锚注加固进行了分析[71-79],研究多集中于对所设计锚注联合支护系统可靠性和有效性的检验,对支护参数进行优化设计。

韩建新等[80]基于库仑强度准则建立数学模型,利用 σ_1-σ_3 坐标系下裂隙面和岩体的强度曲线位置关系,研究了含有贯穿破裂面的岩体强度和破坏方式。袁小清等[81]基于 Lemaitre 应变等效假设,针对非贯通裂隙岩体,建立了基于宏、细观缺陷耦合的非贯通裂隙岩体在荷载作用下的损伤本构模型。任利等[82]利用边界配置法求解了考虑平板尺寸的裂隙尖端应力强度因子修正系数,修正了压剪判据,给出了非贯通单裂隙面岩体的强度预测公式。刘涛影等[83]、韦立德等[84-85]利用自洽理论和线黏弹性断裂力学原理推导出考虑张开裂纹、闭合裂纹和裂纹内水压影响的节理岩体体变蠕变柔量和单轴蠕变柔量的理论表达式。赵怡晴等[86]分别采用基于统计损伤模型的弹性损伤变形元件和考虑结构面闭合及滑动的变形元件描述岩块和结构面在压缩荷载作用下的变形规律,进而建立相应的节理岩体压缩损伤本构模型。杨圣奇等[87-90]对含有裂隙的大理岩进行了单轴和常规三轴试验,获得了裂隙对大理岩的变形破坏特征的影响规律,评价了库仑和霍克-布朗准则用于分析含有裂隙岩体强度的适用性。肖桃李等[91-93]对预制裂隙类岩石进行了单轴、三轴试验,对比试验结果可知:围压是试样宏观破裂模式的主要影响因素,裂隙长度主要影响裂隙扩展的规模,裂隙倾角是新裂隙起裂的诱因。赵程等[94-96]采用自主开发的图像分析软件结合数字图像相关技术(DIC)对含预制双裂纹的类岩石材料在单轴压缩下的变形破坏特性进行试验研究,将双裂纹岩样的贯通破坏模式归总为四类:岩桥不贯通模式、裂纹内尖端贯通模式、裂纹内外尖端贯通模式、裂纹外尖端贯通模式。蒲成志等[97-99]对含有 1 条和 2 条裂隙的类岩石材料进行了单轴压缩试验,探索单轴压缩条件下含有 1 条水平裂隙的类岩石材料断裂破坏机制;基于滑动裂纹模型理论,结合试件破坏全应力-应变关系曲线和贯通破坏面颗粒体破坏形态分析双裂隙试件断裂破坏机理。L. Y. Chen 等[100]、M. L. Chen 等[101]、C. Z. Pu 等[102]对双裂隙、多裂隙类岩石试样进行了单轴压缩试验,研究结果表明:裂隙试样的力学特性受裂隙长度的影响较大,试样的破坏模式受裂隙倾角的影响较大。杨圣奇等[103-107]利用颗粒流模拟软件(PFC)对裂隙岩体进行了数值模拟研究,研究结果表明:数值模拟能够反映岩体的力学性质,并获得了四种不同的破坏模式。M. N. Bidgoli 等[108]利用 UDEC 数值模拟软件,对裂隙岩体强度进行了系统的数值模拟预测,并与完整岩石进行了对比。蒋明镜等[109]采用 DEM 软件模拟了含不同预制倾角的双裂隙岩石试样在单轴压缩作用下裂纹的扩展与贯通规律,揭示了裂纹演化的宏、微观机理,探讨了预制双裂隙岩石的裂纹演化机理。谢璨等[110]采用连续的方法模拟分析了峰后裂隙岩石的非连续损伤破裂过程,揭示了裂隙岩石峰后损伤破坏特性及其演化规律。

1.3　研究内容

为了能够全面揭示不同应力条件下裂隙岩体的力学特性,笔者采用不同的手段获得了裂隙砂岩,借助岩石力学试验机、声发射检测仪等仪器开展了力学特性研究,获得了各种力学参数的非线性变化特征以及定量关系,并对裂隙砂岩开展了锚注加固研究。主要的研究内容如下:

(1)从已破坏返修段巷道采集裂隙砂岩,对其进行单轴压缩再破坏试验,基于试验结果分析了强度及变形特征,并探讨了裂隙扩展及破坏模式。采用盒维数法对其分形维数进行了计算,建立了破裂面分布分形维数与其单轴压缩峰值强度的定量函数关系。对裂隙砂岩声发射进行监测,探讨了破裂岩样破裂程度对其声发射及能耗特性的影响规律,并对声发射及能耗特性二者之间的内在联系进行了分析。

（2）根据提出的峰后破裂损伤岩样制备新技术,对完整砂岩进行了单轴峰前屈服、峰后破裂完全卸载试验,制备了具有不同破裂损伤程度的峰前屈服、峰后破裂的裂隙砂岩。室内试验对自然、饱水状态下的粗砂岩岩样进行峰后循环加卸载疲劳试验,对自然、饱水状态下粗砂岩的应力-应变关系曲线特征、强度及变形参数损伤劣化规律、加载破坏全过程中的波速及能量演化特性进行了系统分析。

（3）采用岩石三轴流变仪对其进行了单轴蠕变试验,研究获得了峰后破裂砂岩单轴蠕变力学特性,并建立了峰后破裂损伤岩样单轴蠕变本构模型。采用 TAW-2000 型微机伺服岩石三轴流变仪对其进行不同低围压下的三轴蠕变试验,研究获得了峰后破裂损伤岩样不同围压条件下的三轴蠕变特征,重点分析了相同破裂损伤程度下围压对其三轴蠕变特征的影响规律,并建立了峰后破裂损伤岩样三轴蠕变本构模型。

（4）以砂岩完整试样为研究对象,通过在标准试样上预制出不同几何分布特征的裂隙,研究其在单轴压缩条件下岩桥倾角、岩桥宽度对破裂围岩试样强度及变形力学特性和宏观破坏模式的内在影响规律。

（5）对破裂围岩、锚固体、注浆加固体、锚注加固体进行单轴压缩试验（模拟临空面破裂围岩及加固体）及锚注加固体有侧向被动约束（模拟松动圈内注浆加固体）下的再加载破坏试验。基于试验数据的综合对比分析,系统获得各试样再次加载破坏的力学特性、承载特性以及声发射特性,自由面位移场及应变场、锚杆端部及内部杆体轴向力、侧向被动约束力等演化规律,以及各试样最终破坏形态。

2 裂隙砂岩循环加载力学特性

巷(隧)道开挖后,地应力重新调整,调整后的高地应力大于围岩自身强度,围岩发生破坏,破坏后的围岩中含有大量裂隙但仍具有一定的承载能力且需继续承载。工程实践表明:含裂隙围岩经常处于循环加卸载应力条件下,如地下工程围岩失稳后的返修、高边坡开挖加固、放顶煤支架的升降等。因此,研究循环加卸载条件下裂隙岩石再破坏力学特性对指导工程实践具有重要的价值。鉴于裂隙岩石力学特性研究的重要性,采用 RMT-150B 型岩石力学试验机对峰后砂岩进行了峰后阶段单轴、三轴循环加卸载,鉴于地下水对围岩的影响还开展了饱水状态下砂岩峰后循环加卸载试验,对裂隙砂岩循环加卸载条件下再破坏力学特性进行了探讨,研究成果可为相关工程实践提供一定的理论指导。

2.1 干燥岩样特征与试验方法

2.1.1 岩样特征

试样均为粗砂岩,现场采集相对较均匀完整的石块,运至河南理工大学岩样加工室加工成直径约 50 mm、高约 100 mm 的岩样。加工精度要满足相关要求。岩样表面有微孔,但是无可见节理和裂隙,表明所制备的岩样均质性较好。用于本次试验的岩样的基本信息见表 2-1。

表 2-1 岩样基本信息

试样编号	岩性	岩样直径/mm	岩样高度/mm	波速/(m/s)	围压/MPa
A-05	粗砂岩	48.79	99.77	1 801	0
A-12	粗砂岩	48.81	98.45	1 674	2
A-02	粗砂岩	47.60	96.50	1 994	4
C-05	粗砂岩	48.94	100.71	2 194	6
C-04	粗砂岩	48.94	100.95	2 007	8
A-07	粗砂岩	48.33	98.79	1 968	2
A-09	粗砂岩	48.78	100.28	1 705	4
C-01	粗砂岩	49.07	98.45	2 279	6
C-02	粗砂岩	48.98	96.86	2 186	8

由于岩石不是完全均质的,且 A 系列和 C 系列岩样是从不同的岩块上取得的,制作的

岩样难免会存在一定的离散性,见表 2-1。C 系列岩样的平均波速大于 A 系列的平均波速,说明 C 系列岩样更致密,或者说原生裂隙更小。试样 A-07、A-09 在试验中由于试验机出现故障,出现应力-应变关系曲线存在较大波动现象;试样 C-01 试验过程中由于人为操作不当,造成试验中断;试样 C-02 离散性较大,峰后近乎脆性破坏,在峰后第一个循环达到峰值时迅速跌落至接近岩样的残余强度。上述几个岩样在本书中不做过多的论述。

2.1.2　试验设备

试验采用 RMT-150B 型岩石力学试验系统(图 2-1),轴向荷载的测量采用 1 000 kN 力传感器,轴向压缩变形量的测量采用 5 mm 传感器,横向压缩变形量的测量采用 2 个 2.5 mm 传感器,围压的测量采用 50 MPa 压力传感器。试验由全数字计算机自动控制,控制模式有力、位移、行程,本试验采用位移控制模式,试验过程中可自动采集荷载、变形、围压,并实时显示。

图 2-1　试验系统

2.1.3　试验方法

岩石加载至峰后阶段,岩石内部会产生各种裂隙,采用这种方法开展岩石峰后阶段循环加卸载试验。单轴循环加卸载试验:为了消除初始孔隙对其残余变形的影响,采用位移控制模式(加载速率为 0.002 mm/s)对试样进行初始压密(加载到线弹性阶段),然后卸载至加载初始状态。重新加载至岩样首次达到峰值,当轴向应力出现明显下降时,采用应力控制模式逐渐卸除轴向应力(卸载速率为 0.1 kN/s)至加载前状态,之后采用位移控制模式(加载速率为 0.002 mm/s)重新加载至岩样出现二次峰值,至应力明显下降时再次卸载,如此循环,直至岩样进入残余强度阶段。

三轴循环加卸载试验:采用力控制模式(加载速率为 0.05 MPa/s)以静水压力状态分别对各试样施加围压至设计值,保持围压恒定,之后试验步骤可参考单轴循环加载试验进行。

2.2 全应力-应变关系曲线特征

通过对完整岩样进行峰后循环加卸载试验,得到了各级围压砂岩峰后循环加卸载条件下的全应力-应变关系曲线,如图 2-2 所示。图 2-2 中需要说明的是全应力-应变关系曲线中最前面的小的滞回环是对岩样进行初始压密时形成的。进行初始压密的主要目的是消除初始孔隙对其残余变形的影响。

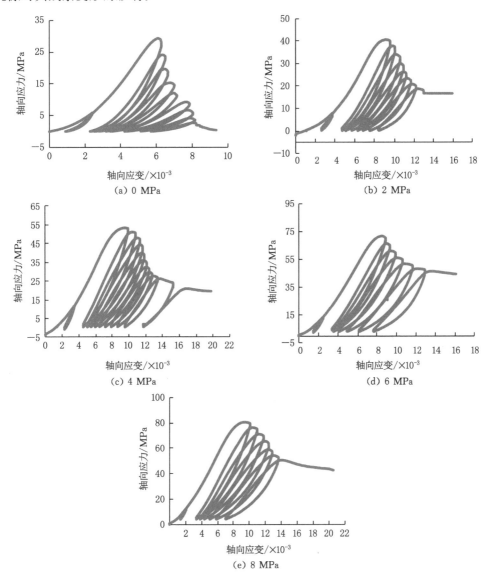

图 2-2 各级围压砂岩峰后循环加卸载条件下的应力-应变关系曲线

由图 2-2 可知:粗砂岩单、三轴峰值后阶段循环加卸载全应力-应变关系曲线具有以下特征:

（1）每次循环加载全应力-应变关系曲线存在明显的塑性滞回环，显示了岩样循环加卸载过程中能量的转化与耗散。

（2）每次卸载后再加载，再次出现峰值达不到卸载点的应力值，随着循环次数的增加，单、三轴压缩条件下二者比值的变化规律存在明显差异。

（3）每次卸载后再加载，加载曲线几乎都可以回到岩样一次加载破坏时的全应力-应变关系曲线上，表明岩样不同加载条件下的峰后破坏轨迹具有较好的一致性。

（4）由于粗砂岩颗粒较粗，峰值破裂后颗粒间的摩擦效应明显，每次达到峰值后应力并未出现迅速跌落，而是逐渐缓慢降低。

2.3　强度特征分析

峰值点是岩石承载特性及其结构发生质变的临界点，峰值前可以认为岩石保持原有结构，其承载处于稳定阶段，随着外荷载的增大，岩石原有结构发生的不可恢复变形越来越大，当达到原有结构极限变形值后，原有承载结构随即破坏，岩石原有结构的最大承载力等于其峰值强度。峰值后至残余变形阶段，已扭曲变形破坏的岩石承载结构不断出现新的变化，可以认为在该阶段内任一时刻完全卸载后岩石均对应有特定的等效承载结构，该等效承载结构对应有等效强度参数，如屈服应力、峰值应力、等效抗剪强度等参数。

下面将针对以上各等效强度参数在循环加卸载试验过程中的变化规律进行探讨。选取前一循环卸载点轴向残余应变来定量描述岩样等效承载结构累计损伤程度，建立该损伤参数与各强度参数的函数关系式。各级围压下，峰后阶段循环加卸载试验条件下各岩样强度及变形参数见表 2-2。

表 2-2　峰后阶段循环加卸载条件下岩样强度及变形参数

n	试件编号	A-05	A-12	A-02	C-05	C-04	n	试件编号	A-05	A-12	A-02	C-05	C-04
1	$\sigma_{屈服}$/MPa	27.461	36.267	45.937	58.236	67.209	2	$\sigma_{屈服}$/MPa	22.103	35.368	37.947	57.347	60.544
	$\sigma_{峰值}$/MPa	29.256	40.658	53.397	65.728	72.643		$\sigma_{峰值}$/MPa	24.050	37.826	51.183	60.230	68.348
	$\sigma_{卸载}$/MPa	26.755	39.258	52.644	64.327	71.304		$\sigma_{卸载}$/MPa	22.697	36.554	50.183	58.523	67.370
	$\varepsilon_{1残余}$/10^{-3}	1.385	2.110	2.238	1.930	1.965		$\varepsilon_{1残余}$/10^{-3}	4.665	2.464	2.719	2.073	2.447
	E_{50}/GPa	4.788	6.320	8.807	9.405	9.598		E_{50}/GPa	3.968	7.231	10.047	10.825	10.194
	E/GPa	7.197	7.699	8.758	11.882	11.102		E/GPa	8.682	8.457	9.553	12.236	11.562

表 2-2（续）

n	试件编号	A-05	A-12	A-02	C-05	C-04	n	试件编号	A-05	A-12	A-02	C-05	C-04
3	$\sigma_{屈服}$ /MPa	18.639	31.906	33.893	50.662	50.102	4	$\sigma_{屈服}$ /MPa	14.033	27.492	30.324	44.134	44.080
	$\sigma_{峰值}$ /MPa	19.932	34.053	48.025	55.005	63.160		$\sigma_{峰值}$ /MPa	15.345	29.884	44.294	50.087	57.620
	$\sigma_{卸载}$ /MPa	17.742	32.268	47.059	52.920	61.288		$\sigma_{卸载}$ /MPa	13.972	28.420	42.878	48.317	54.324
	$\varepsilon_{1残余}$ /10^{-3}	1.896	3.052	3.136	2.630	2.957		$\varepsilon_{1残余}$ /10^{-3}	2.284	3.645	3.658	3.449	3.629
	E_{50} /GPa	3.968	6.660	9.401	9.345	9.270		E_{50} /GPa	3.195	6.311	9.019	8.670	8.277
	E /GPa	7.451	7.463	8.645	11.142	10.322		E /GPa	5.712	6.495	8.083	10.119	9.259
5	$\sigma_{屈服}$ /MPa	11.043	22.444	26.268	42.213	42.079	6	$\sigma_{屈服}$ /MPa	8.556	21.278	23.734	39.696	41.834
	$\sigma_{峰值}$ /MPa	12.115	26.346	39.922	45.852	50.869		$\sigma_{峰值}$ /MPa	9.268	23.482	36.033	42.303	46.255
	$\sigma_{卸载}$ /MPa	10.896	25.748	38.191	43.230	48.647		$\sigma_{卸载}$ /MPa	8.247	22.712	33.830	41.755	45.064
	$\varepsilon_{1残余}$ /10^{-3}	2.539	4.195	4.177	4.645	4.447		$\varepsilon_{1残余}$ /10^{-3}	3.346	4.921	4.881	6.142	5.653
	E_{50} /GPa	2.614	6.043	8.599	8.073	7.407		E_{50} /GPa	1.753	5.588	8.177	7.413	6.760
	E /GPa	4.338	5.983	7.673	9.237	8.343		E /GPa	3.287	5.493	7.280	8.392	7.705
7	$\sigma_{屈服}$ /MPa	6.235	19.171	23.025	37.886	37.893	8	$\sigma_{屈服}$ /MPa	3.885	17.390	22.919	—	—
	$\sigma_{峰值}$ /MPa	6.697	20.842	32.459	40.491	42.704		$\sigma_{峰值}$ /MPa	4.213	18.811	29.706	—	—
	$\sigma_{卸载}$ /MPa	5.342	20.083	30.773	—	—		$\sigma_{卸载}$ /MPa	3.405	—	28.424	—	—
	$\varepsilon_{1残余}$ /10^{-3}	4.249	5.841	5.593	—	—		$\varepsilon_{1残余}$ /10^{-3}	4.813	—	6.384	—	—
	E_{50} /GPa	1.556	5.299	7.982	7.049	6.459		E_{50} /GPa	1.347	5.183	7.798	—	—
	E /GPa	2.715	5.090	6.898	8.081	7.427		E /GPa	1.980	4.929	6.656	—	—

表 2-2(续)

n	试件编号	A-05	A-12	A-02	C-05	C-04	n	试件编号	A-05	A-12	A-02	C-05	C-04
9	$\sigma_{屈服}$/MPa	2.505	—	22.708	—	—	10	$\sigma_{屈服}$/MPa	—	—	21.931	—	—
	$\sigma_{峰值}$/MPa	2.711	—	27.761	—	—		$\sigma_{峰值}$/MPa	—	—	26.289	—	—
	$\sigma_{卸载}$/MPa	—	—	26.649	—	—		$\sigma_{卸载}$/MPa	—	—	—	—	—
	$\varepsilon_{1残余}$/10^{-3}	—	—	7.268	—	—		$\varepsilon_{1残余}$/10^{-3}	—	—	—	—	—
	E_{50}/GPa	1.043	—	7.888	—	—		E_{50}/GPa	—	—	7.699	—	—
	E/GPa	1.458	—	6.697	—	—		E/GPa	—	—	6.559	—	—

注:"—"表示无此项数据;n 为试验循环次数,1 表示第 1 次循环,其他数字类推。E 为弹性模量,E_{50} 为应力 50% 时的应力。

2.3.1　屈服应力和峰值应力

各试样加卸载循环下的屈服应力、峰值应力见表 2-2。其随卸载点轴向残余应变变化关系如图 2-3 所示。

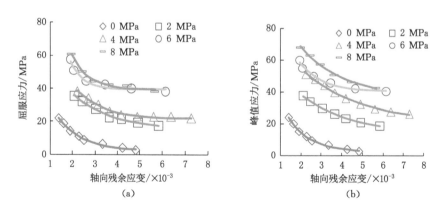

图 2-3　不同围压下各级围压屈服应力、峰值应力与轴向残余应变的关系曲线

由图 2-3 可知二者均随前一循环卸载点轴向残余应变的增大而逐渐降低,分析其原因为:随着循环加卸载次数的增加,岩样等效承载结构的扭曲变形越来越大,其累计损伤越来越严重,表现为其屈服应力和极限承载力的降低。二者与卸载点轴向残余应变之间均符合带常数项的指数衰减函数关系。各围压下拟合回归结果见表 2-3。

表 2-3 屈服应力和峰值应力与轴向残余应变的关系

围压/MPa	试验拟合结果	
	$\sigma_{屈服} = a + b \cdot c^{\varepsilon_{1残余}}$	$\sigma_{峰值} = a + b \cdot c^{\varepsilon_{1残余}}$
0	$2.248 + 72.339 \times 0.394^{\varepsilon_{1残余}}$	$2.394 + 77.696 \times 0.397^{\varepsilon_{1残余}}$
2	$15.101 + 70.910 \times 0.555^{\varepsilon_{1残余}}$	$14.082 + 59.388 \times 0.646^{\varepsilon_{1残余}}$
4	$21.609 + 111.72 \times 0.431^{\varepsilon_{1残余}}$	$20.111 + 69.122 \times 0.708^{\varepsilon_{1残余}}$
6	$39.402 + 580.14 \times 0.160^{\varepsilon_{1残余}}$	$40.515 + 105.08 \times 0.405^{\varepsilon_{1残余}}$
8	$39.407 + 316.29 \times 0.252^{\varepsilon_{1残余}}$	$36.038 + 79.637 \times 0.637^{\varepsilon_{1残余}}$

2.3.2 再次加载峰值应力与卸载点应力的比值

卸载后再次加载会对岩石等效承载结构继续产生损伤,致使再次加载峰值应力很难达到前一循环卸载点应力,二者的比值可一定程度上反映每个循环加卸载过程对岩石等效承载结构损伤的程度。再次加载峰值应力与卸载点应力的比值可由表 2-2 计算得到,其比值与轴向残余应变关系如图 2-4 所示。

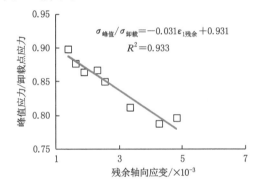

图 2-4 峰值应力与卸载应力比值变化规律

由表 2-2 计算结果和图 2-4 可知:在有无围压条件下,随着循环加卸载次数的增加,即轴向残余塑性应变的增大,其变化规律存在明显差异。无围压条件下的单轴应力状态随着前一循环卸载点轴向残余应变的增加,再次加载峰值应力与前一循环卸载点应力的比值逐渐降低,二者之间总体符合线性衰减函数关系。

而有围压条件下的三轴应力状态,二者比值随着前一个循环卸载点轴向残余应变的增加变化规律不明显,有增有减。分析原因可能为:单轴压缩试验,由于无围压对侧向变形的限制,卸载后再次加载对岩石等效承载结构的损伤程度更大,随着循环次数的增加,其累计损伤加速增加,导致二者比值逐渐降低;三轴压缩试验,由于围压的存在,岩石等效承载结构承载的损伤破坏及其承载机理较单轴时更复杂,致使二者比值变化规律不明显。

2.3.3 等效抗剪强度参数

对试验数据采用统计分析的方法进行处理,以最大主应力 σ_1 为纵坐标,以最小主应力 σ_3 为横坐标。利用试验数据求出直线的斜率和截距,即 σ_c 和 ξ。该坐标形式下的强度包络线表达式如下：

$$\sigma_1 = \xi\sigma_3 + \sigma_c \qquad (2\text{-}1)$$

其中，

$$\sigma_c = 2c\cos\varphi/(1-\sin\varphi) \qquad (2\text{-}2)$$

$$\xi = (1+\sin\varphi)/(1-\sin\varphi) \qquad (2\text{-}3)$$

式中　σ_c——理论单轴抗压强度；

　　　　ξ——强度线的斜率；

　　　　c——岩石的黏聚力；

　　　　φ——岩石的内摩擦角。

按照上述求黏聚力和内摩擦角的方法对试验数据处理分析，得到内摩擦角和黏聚力与轴向残余应变的关系，详见图 2-5。

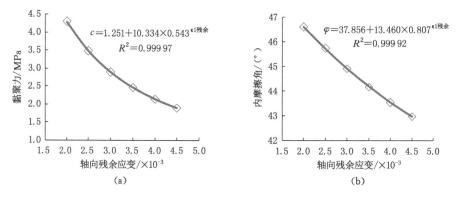

图 2-5　黏聚力和内摩擦角与轴向残余应变的关系曲线

由图 2-5 可知：峰值后阶段，随着卸载点的逐渐后移以及循环次数的增加，岩样等效承载结构的黏聚力和内摩擦角均随着前一个循环轴向残余应变的增加逐渐降低，二者与轴向残余应变均呈带常数项的指数函数关系衰减，这主要是循环加卸载条件下岩样等效承载结构累计损伤所致。

不难发现，二者随岩样等效承载结构损伤的累积其降低速率的变化规律不尽相同，黏聚力的降低速率先大后小，而内摩擦角的降低速率基本保持不变。分析原因可能为：岩样承载结构的抗剪强度取决于其内摩擦角和黏聚力。黏聚力主要由组成承载结构的岩石颗粒间的胶结作用提供，内摩擦角对于初始承载结构（完整岩样）来说则主要由岩石颗粒间的连锁作用产生的咬合力提供；对于峰值破坏后的等效承载结构（峰后破裂岩样），则由破碎岩石颗粒间的表面摩擦力提供。

岩石首次过峰值点时大量微裂隙已经产生、扩展，岩石颗粒间的黏结作用已遭到大量破坏，颗粒间的连接方式由黏结转变为摩擦，此时轴向卸载，微裂隙停止发育，再次加载时微裂隙继续发育，岩石颗粒间的黏结继续遭到破坏，颗粒间的连接方式由黏结继续转变为摩擦，循环加卸载条件下，颗粒间黏结力的破坏和连接方式的转变周而复始。在这个过程中，循环加卸载的初期由于大量微裂隙集中发育，致使颗粒间的黏结遭到集中破坏。随着试验的进行，岩石内部宏观破裂面逐渐形成，新的微裂隙发育逐渐减小，岩石颗粒间的黏结破坏逐渐减小，具体表现为岩样等效承载结构黏聚力循环加卸载初期降低速率较大，后期逐渐减小。

就等效承载结构的内摩擦角来说,虽然颗粒间的连锁作用遭到破坏,但破坏后颗粒间仍存在摩擦作用,一定程度上对内摩擦角进行了补充,故内摩擦角的降低速率较稳定,基本随着承载结构累计损伤的加剧稳步降低。

2.4　变形特征分析

岩石变形特征的参数主要有弹性模量、变形模量、泊松比、峰值应变等,本部分就上述各参数在循环加卸载过程中的变化规律进行探讨。

2.4.1　弹性模量与变形模量

各岩样峰后阶段循环加卸载过程中弹性模量和变形模量详见表 2-2。

由表 2-2 可知弹性模量与变形模量变化具有以下主要特征:

(1) 各级围压下随着岩石等效承载结构累计损伤的加剧,各岩样的弹性模量与变形模量均逐渐降低,但前期降低的速率较大,后期降低速率逐渐减小。这主要是因为弹性模量和变形模量主要由轴向应力与轴向应变决定,循环加卸载前期,大量微裂隙的发育,致使轴向应变速率较大,表现为弹性模量和变形模量的加速减小。循环加卸载后期,岩样的变形主要来自颗粒间的相对滑动,轴向应变的变化速率逐渐减小,弹性模量和变形模量的减小速率也逐渐降低。

(2) 各级围压下岩石等效承载结构的弹性模量和变形模量均随着前一循环卸载点轴向残余应变的增加逐渐降低,且均符合带常数项的指数衰减函数关系,具体变化如图 2-6 所示,回归结果见表 2-4。

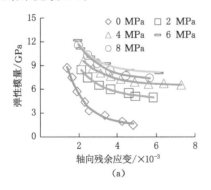
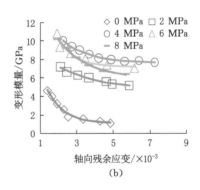

图 2-6　不同围压下弹性模量和变形模量与轴向残余应变关系曲线

表 2-4　弹性模量和变形模量与轴向残余应变回归结果

围压/MPa	试验拟合结果	
	$E = a + b \cdot c^{\varepsilon_1 残余}$	$E_{50} = a + b \cdot c^{\varepsilon_1 残余}$
0	$1.477 + 31.662 \times 0.348^{\varepsilon_1 残余}$	$1.049 + 16.665 \times 0.336^{\varepsilon_1 残余}$
2	$4.749 + 17.526 \times 0.475^{\varepsilon_1 残余}$	$4.665 + 6.127 \times 0.651^{\varepsilon_1 残余}$
4	$6.455 + 14.747 \times 0.498^{\varepsilon_1 残余}$	$7.628 + 11.445 \times 0.502^{\varepsilon_1 残余}$
6	$8.040 + 21.260 \times 0.416^{\varepsilon_1 残余}$	$7.182 + 25.028 \times 0.344^{\varepsilon_1 残余}$
8	$7.064 + 19.510 \times 0.476^{\varepsilon_1 残余}$	$5.958 + 14.897 \times 0.532^{\varepsilon_1 残余}$

（3）各岩样弹性模量、变形模量均随着围压的增大逐渐增大,增大到一定程度时存在减小的趋势。图 2-7 给出了岩石等效承载结构不同累计损伤程度时弹性模量和变形模量随着围压变化示意图。

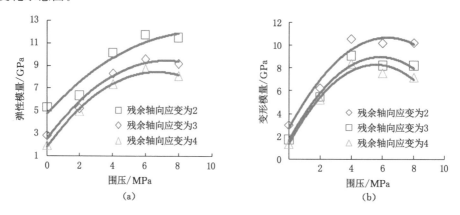

图 2-7　不同残余轴向应变时弹性模量和变形模量与围压的关系曲线

2.4.2　线弹性阶段平均泊松比

此次试验由于三轴压缩无法测量岩样侧向变形,仅对单轴压缩条件下线弹性阶段平均泊松比在岩石峰后阶段循环加卸载试验过程中的变化规律进行探讨。

单轴峰后循环加卸载试验线弹性阶段平均泊松比计算结果见表 2-5,随前一循环卸载点轴向残余应变变化如图 2-8 所示。

表 2-5　线弹性阶段平均泊松比与轴向残余应变的关系

轴向残余应变	0	1.385	1.629	1.896	2.284
线弹性阶段泊松比	0.312	0.415	0.526	0.531	0.578
轴向残余应变	2.539	3.346	4.249	4.813	
线弹性阶段泊松比	0.629	0.587	0.501	0.452	

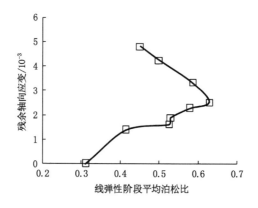

图 2-8　线弹性阶段平均泊松比变化规律

由图 2-8 可知:随着前一个循环卸载点轴向残余应变的增加,平均泊松先增大,到一定程度后开始降低。内在机理可能为:随着峰后阶段循环加卸载的进行,岩样内部的微裂隙大量产生、扩展、发育,其等效承载结构的扭曲变形越来越大,由于无侧向压力的限制,侧向变形速率势必大于轴向变形速率,表现为线弹性阶段平均泊松比加载前期不断增大。

当岩样等效承载结构扭曲变形到一定程度时,侧向变形由于无围压限制,逐渐得到充分发展,当侧向变形达到一定程度时,轴向应力卸除后,轴向变形随着轴向应力的卸除得到一定恢复,而侧向变形可恢复量逐渐减小,重新加载后轴向变形速率将大于侧向变形速率,表现为加卸载后期线弹性阶段平均泊松比由逐渐增大转变为逐渐减小。

2.4.3 轴向相对残余应变与循环次数的关系

定义后一个加卸载循环相比前一个加卸载循环轴向残余应变增量为轴向相对残余应变,该参数可一定程度上反映每个加卸载循环过程中岩石等效承载结构损伤的程度。图 2-9 给出了该参数与循环加卸载次数的关系。

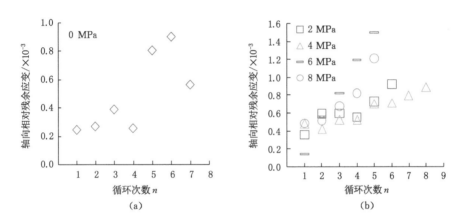

图 2-9 轴向相对残余应变与循环次数的关系

由图 2-9 可知:随着循环加卸载次数的增加,该参数总体趋势为不断增大,且随着围压的增大越来越明显,表明每次加卸载循环岩石等效承载结构的损伤幅度在不断增大,其承载结构越来越不稳定,其承载结构的整体溃败变得越来越容易。

2.5 饱水砂岩制备与试验方法

2.5.1 饱水砂岩制备

试样均为粗砂岩,现场采集较均匀、完整的石块,室内加工成直径约 50 mm、高约 100 mm 的岩样。加工精度满足相关规程的要求[18]。岩样表面有微孔,但无可见节理及裂隙,表明所制备的岩样均质性较好。用于本次试验的岩样的基本信息见表 2-6。

表 2-6 岩样基本信息

试样编号	岩性	岩样直径/mm	岩样高度/mm	波速/(m/s)	岩样状态
S1	粗砂岩	49.88	99.98	2 537	自然
S2	粗砂岩	49.93	99.63	2 330	自然
S3	粗砂岩	49.83	99.43	2 345	自然
S4	粗砂岩	49.75	99.33	2 396	饱水
S5	粗砂岩	49.80	99.50	2 366	饱水
S6	粗砂岩	49.85	99.83	2 324	饱水

将制备好的岩样放在室内自然干燥 15 d，选取其中 6 个岩样用于本次试验，其中 3 个作为自然状态岩样，另外 3 个进行饱水试验。将需要饱水的岩样放入容器中，加水到岩样 1/4 处，以后每隔 2 h 加水 1 次，每次加水量为岩样高度的 1/4 为宜，岩样全部浸没在水中时开始计时，浸泡岩样 48 h 后制成饱水岩样用于试验。

2.5.2 试验方法

此次试验均是单轴应力状态。具体试验方法：为消除初始孔隙对其塑性变形的影响，采用位移控制模式，以 0.002 mm/s 的加载速率将试样加载到线弹性阶段，实现对岩样的初始压密，然后卸载至加载初始状态。重新加载岩样到峰值点后，应力控制模式以 0.1 kN/s 的卸载速率逐渐卸除轴向应力至 2 kN 左右，之后位移控制模式以 0.002 mm/s 的加载速率重新加载至岩样出现二次峰值后再次卸载，如此循环，直至岩样进入残余强度阶段。另外，试验过程中采用波速监测装置监测岩样在循环加卸载过程中波速的变化情况。

2.6 饱水峰后裂隙砂岩循环加载力学特性

2.6.1 应力-应变关系曲线特征

图 2-10 给出了各岩样峰后循环加卸载条件下的全应力-应变关系曲线。

由图 2-10 可知：饱水对粗砂岩岩样各个循环加卸载下的全应力-应变关系曲线特征存在明显影响。饱水后各个循环下的全应力-应变关系曲线的压密阶段比自然状态下表现得更明显，压密过程更长，而线弹性阶段则表现得相对较短，且直线的斜率明显变小；岩样的峰前屈服阶段相对延长，且屈服曲线的曲率相对变大，屈服过程更加稳定，致使岩样峰值点处应变量和卸载后残余应变量均变大；峰后应变软化特性更明显，破坏过程也相对稳定；以上特征对完整（第 1 个循环）粗砂岩岩样来说表现得更加明显。在经历了相同次数（8 次）的峰后循环加卸载试验，岩样进入残余强度阶段后，饱水状态下和自然状态下岩样的轴线应变量相差不大。以上分析表明：由于粗砂岩内含有大量的孔隙，饱水后孔隙被水分子充填，大量存在的水分子对岩石颗粒之间的滑动起润滑作用，致使粗砂岩强度和变形表现出明显的水理特性。

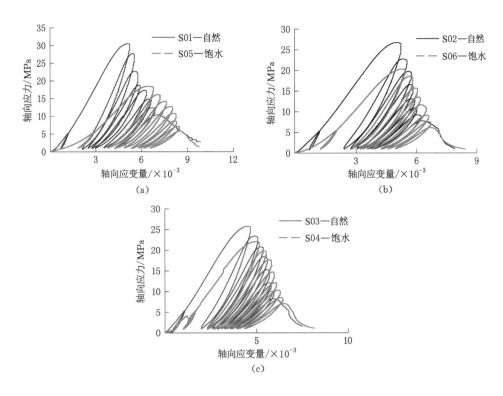

图 2-10　各岩样峰后循环加卸载条件下的全应力-应变关系曲线

2.6.2　饱水对粗砂岩峰后等效承载结构极限承载力的影响

图 2-11 给出了各岩样峰值强度、峰后等效承载结构极限承载力的试验结果。

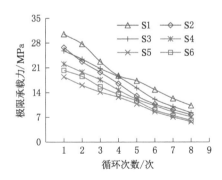

图 2-11　极限承载力同循环次数的关系曲线

由图 2-11 可知：饱水对粗砂岩峰值强度、峰后极限承载力存在明显的弱化作用。自然状态下粗砂岩单轴压缩峰值强度为 25.769～30.538 MPa，平均值为 27.673 MPa，饱水状态下峰值强度为 18.442～22.055 MPa，平均值为 20.256 MPa，饱水后粗砂岩单轴抗压强度平均值降低了 26.802%；相同峰后承载条件下，饱水状态下粗砂岩峰后等效承载结构极限承载力均小于自然状态下的极限承载力。进一步分析可知：饱水对各岩样峰后极限承载力同循环次数间的变化规律也存在一定影响,自然状态下二者之间大体上呈指数函数衰减,饱水后二者之间大体上呈线性函数衰减。图 2-12 分别给出了饱水、自然状态下峰后等效承载结构极限承载力平均值与峰后循环加卸载次数之间的变化关系及函数回归结果。

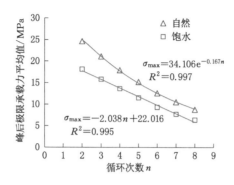

图 2-12　极限承载力平均值同循环次数的关系曲线

图 2-13 为岩样饱水后峰后极限承载力平均值相对自然状态下平均值的降低率与循环加卸载次数的关系曲线。

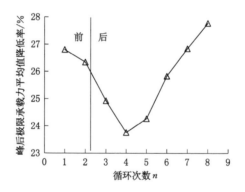

图 2-13　峰后极限承载力平均值降低率与循环次数的关系曲线

由图 2-13 可知:由于水和岩石峰后累计损伤的双重作用,饱水后粗砂岩峰后极限承载力平均值相对自然状态下平均值的降低率,在循环加卸载前期逐渐减小,循环加卸载后期则随着循环加卸载次数的增加逐渐增大,二者之间呈"V"字形变化关系。究其原因可能为:在循环加卸载前期,主控破裂面并未完全贯通,岩石峰后承载结构的承载力仍主要由岩石颗粒间的黏结作用提供,水对岩石颗粒间的黏结作用的影响并不明显;在循环加卸载的后期,主控破裂面已经完全贯通且不断滑移,此时岩石峰后承载结构的承载力转变为主要由岩石颗粒间的滑动摩擦提供,水对岩石颗粒间的滑动摩擦起明显的润滑作用,随着主控破裂面的逐渐滑移这种润滑作用越来越明显。

2.6.3　饱水对粗砂岩峰后等效承载结构极限应变量的影响

每次循环等效承载结构达到极限承载力时所对应的轴向极限应变如图 2-14 所示。

由图 2-14 可知:饱水对粗砂岩峰值轴向应变及等效承载结构轴向极限变形量均存在影

响。自然状态下岩样单轴峰值轴向应变为 $4.513 \times 10^{-3} \sim 5.104 \times 10^{-3}$ mm/mm，平均值为 4.897×10^{-3} mm/mm，饱水状态下峰值轴向应变为 $4.941 \times 10^{-3} \sim 6.484 \times 10^{-3}$ mm/mm，平均值为 5.570×10^{-3} mm/mm，饱水后粗砂岩单轴峰值轴向应变增大了 13.758%，表明水的存在确实对岩石颗粒间的滑动变形起到了促进作用；相同峰后承载条件下，饱水状态下粗砂岩峰后等效承载结构轴向极限变形量总体上大于自然状态下的极限应变量；饱水对各岩样峰后轴向极限应变量同循环次数之间的变化规律存在一定影响，自然状态下二者之间大体上呈线性函数递增，饱水后二者之间大体上呈对数函数递增，图 2-15 分别给出了饱水、自然状态下峰后等效承载结构轴向极限应变平均值与峰后循环加卸载次数之间的变化关系及函数回归结果。

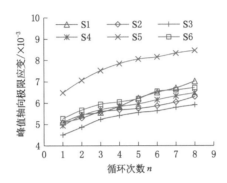

图 2-14　饱水状态下轴向极限应变与循环次数的关系曲线

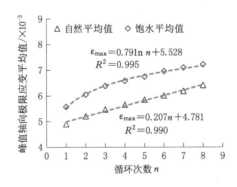

图 2-15　自然和饱水状态下轴向极限应变平均值与循环次数的关系曲线

2.6.4　饱水对粗砂岩峰后等效承载结构弹性模量的影响

峰后循环加卸载过程中饱水、自然状态下粗砂岩峰后等效承载结构的弹性模量如图 2-16 所示。

由图 2-16 可知：饱水对完整岩样弹性模量、峰后岩石等效承载结构的弹性模量均具有明显的软化作用。自然状态下岩样的弹性模量为 $6.628 \sim 7.419$ GPa，平均值为 7.029 GPa，饱水状态下弹性模量为 $4.340 \sim 6.213$ GPa，平均值为 5.374 GPa，饱水后岩样弹性模量平均值降低了 23.546%；峰后循环加卸载过程中，饱水状态下岩样峰后等效承载结构的弹性模

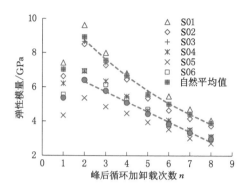

图 2-16 粗砂岩弹性模量与峰后循环次数的关系曲线

量均小于自然状态下的弹性模量;饱水对峰后等效承载结构的弹性模量同循环次数之间的
变化规律同样存在一定影响,剔除首次循环(完整岩样的弹性模量)下的值,自然状态下二者
之间呈指数函数衰减,饱水后二者之间呈线性函数衰减;图 2-17 分别给出了饱水、自然状态
下,峰后等效承载结构弹性模量平均值与峰后循环加卸载次数之间的变化关系及函数回归
结果。

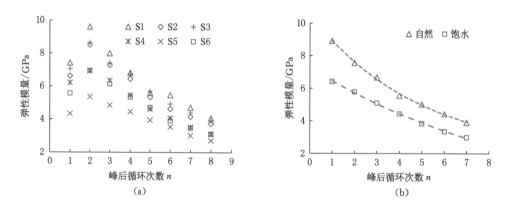

图 2-17 弹性模量与峰后循环加卸载次数的关系

　　粗砂岩岩样饱水后峰后弹性模量平均值相对自然状态下平均值的降低率与循环加卸载
次数之间不存在明显的函数关系,降低率随着加载次数的增加在 22.049%～25.914% 区间
内(平均值为 23.569%)小幅(相对平均值变化幅度的平均值为 4.210%)波动。

　　由图 2-17 可知:饱水对岩样峰后循环加卸载的弹性模量也具有一定的软化作用,平均
软化系数为 0.76。自然状态下岩样峰后循环加卸载过程中的弹性模量是逐渐降低的,且符
合带有常数项的指数函数关系,饱水状态下的岩样峰后循环加卸载过程中的弹性模量的衰
减趋势也符合这种关系,只是饱水状态下的弹性模量的衰减规律更接近线性。随着循环加
卸载的进行,自然与饱水状态下的衰减趋势越来越接近直至近似平行,饱水弱化了岩样内部
颗粒或块体间的黏结力,其弹性模量的衰减更平稳,弹性模量主要由岩样内部颗粒或块体之
间的滑动摩擦力所决定。自然状态下岩样内部颗粒或块体间的黏结力没有被饱水弱化,弹
性模量前期主要由岩样内部颗粒或块体间的黏结力决定,后期主要由岩样内部颗粒或块体

间的滑动摩擦力决定。因此,自然状态下岩样的弹性模量前期衰减程度较高,而后期衰减程度较低,饱水状态下岩样的弹性模量衰减规律与自然状态下岩样的弹性模量后期的衰减规律基本一致。

2.6.5 饱水对岩样峰后等效承载结构极限变形的影响

由图 2-18、图 2-19 可知:随着循环加卸载次数的增加,岩样的损伤破坏程度也在逐渐提高,在加卸载过程中,岩样内部颗粒或块体间的黏结力和摩擦力逐渐弱化,过程中产生的不可恢复变形也在逐渐累积,轴向塑性应变和体积塑性应变均不断增大。由图 2-18 和图 2-19 可以明显看出饱水对岩样的软化作用,峰后循环加卸载相同的次数,饱水岩样的平均轴向塑性应变和体积塑性应变的增长速度均比自然岩样的增长速度快,最终的轴向塑性应变和体积塑性应变也比自然状态下岩样的大。饱水除了对岩样内部颗粒或块体间的黏结力具有弱化作用外,对其内部颗粒或块体之间的摩擦力也具有一定的弱化作用,饱水使岩样内部颗粒或块体之间的摩擦系数降低,加快了岩样的损伤破裂速度。

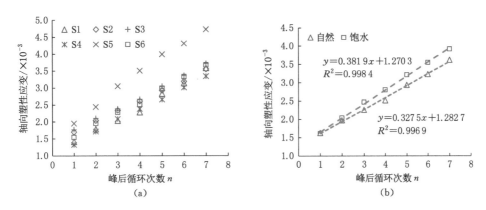

图 2-18 轴向塑性应变与峰后循环次数的关系

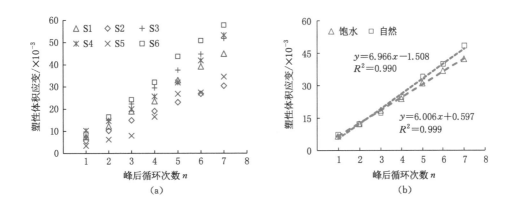

图 2-19 塑性体积应变与峰后循环次数的关系

2.7　饱水对峰后裂隙砂岩影响特性分析

2.7.1　饱水对能量特征的影响

岩样在单轴压缩过程中由于外力的作用而产生变形。假设在整个试验过程中试验系统不与外界发生热交换,总输入试验系统的应变能 U 完全由外力做功所提供,由热力学第一定律[19]可得:

$$U = U^d + U^e \tag{2-4}$$

式中　U^d——岩样的耗散能,主要用于岩样的损伤和塑性变形;

$\quad\quad U^e$——储存在岩体中的可释放应变能,岩样中的这部分应变能主要形成于弹性变形阶段,当轴向荷载卸除后,这个部分应变能可使岩样的变形得到一定恢复。

岩样中 U^d 和 U^e 的关系如图 2-20 所示。

岩样峰后的循环加卸载过程中每个加卸载循环都会产生如图 2-20 所示滞回环,且每个加卸载循环也都会产生塑性应变。滞回环的面积可表示加卸载所耗散的能量,耗散能主要使岩样产生塑性应变,因此它们之间必然存在一定的关系(图 2-21)。

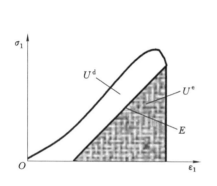

图 2-20　岩样中耗散能与可释放应变能的关系

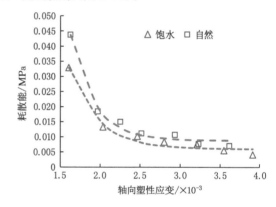

图 2-21　耗散能与轴向塑性应变的关系

对自然和饱水状态下岩样的试验数据进行处理,可以得到任意应力水平的应变能,本书仅给出加卸载过程中的耗散能,见表 2-7。其中,U^d 采用 origin 软件分别对自然与饱水状态下岩样峰后的加卸载曲线求积分得到。

表 2-7　岩样的能量和波速

循环次数 n	1	2	3	4	5	6	7
	耗散能/MPa						
S1	0.047 058	0.020 539	0.017 84	0.010 5	0.013 559	0.009 735	0.009 279
S2	0.045 677	0.017 206	0.013 492	0.010 559	0.008 182	0.006 082	0.005 69
S3	0.038 478	0.017 529	0.013 558	0.012 302	0.010 299	0.007 215	0.006 002
S4	0.032 836	0.013 208	0.011 672	0.008 7	0.006 537	0.006 956	0.004 549

表 2-7(续)

循环次数 n	1	2	3	4	5	6	7
	耗散能/MPa						
S5	0.035 421	0.012 802	0.010 159	0.009 191	0.007 267	0.004 753	0.003 981
S6	0.030 257	0.013 645	0.008 714	0.007 016	0.008 438	0.004 884	0.003 769
	波速/(m/s)						
S1	1 646.205	1 278.974	970.428	661.538	665.955	712.571	704.520
S2	1 076.078	888.434	874.431	802.733	735.346	705.226	682.104
S3	1 255.164	967.573	888.235	678.883	544.590	514.773	475.024
S4	1 421.429	1 007.085	888.393	837.542	807.630	860.727	805.016
S5	1 491.018	1 073.276	823.140	745.509	766.154	1 649.007	741.071
S6	1 271.684	947.719	981.299	817.213	766.923	682.877	657.652

由表 2-7 和图 2-21 可知:完整岩样的耗散能最大,自然与饱水状态下完整岩样的耗散能分别为 0.043 7 MPa 和 0.032 8 MPa,饱水岩样的耗散能与自然岩样的相比降低了 24.94%。完整岩样能量的耗散主要是由岩样内部颗粒或块体间的黏结力所造成的,其间的摩擦力是次要因素,饱水完整岩样的耗散能远低于自然岩样的,说明饱水对岩样内部颗粒或块体间的黏结力具有一定的软化作用,黏结力被破坏的外在表现是岩样产生了较大的轴向塑性应变;峰后循环加卸载过程中,饱水岩样的耗散能依然低于自然岩样的耗散能,但是二者已经非常接近,说明饱水对岩样内部颗粒或块体间的摩擦力的软化作用与对黏结力的软化作用相比较小,摩擦力减小的外在表现是产生了较小的轴向塑性应变。饱水与自然岩样的耗散能均与其轴向塑性应变呈带有常数项的指数函数关系,如图 2-21 所示。

2.7.2 饱水产生的损伤分析

以自然与饱水状态下粗砂岩峰后循环加卸载试验数据为基础,根据线弹性损伤力学理论,采用损伤等效的方法对自然与饱水岩样峰后循环加卸载过程中的损伤变化情况进行分析。根据上述分析可知:自然及饱水状态下粗砂岩的峰后循环加卸载过程就是岩样损伤累积的过程。Eberhardt 等关于岩石循环加卸载过程中损伤参数的计算公式为[20-21]:

$$\omega_{ax} = \varepsilon_{ax}^{per}(i) / \sum_{i=1}^{n} \varepsilon_{ax}^{per}(i) \qquad (2-5)$$

式中　　ω_{ax}——轴向应变损伤参数;

$\varepsilon_{ax}^{per}(i)$——轴向塑性应变;

n——峰后循环加卸载次数。

采用式(2-5)计算的粗砂岩自然与饱水状态下岩样峰后循环加卸载过程中的损伤变化结果如图 2-22(a)所示,对峰后循环加卸载的损伤累积参数进行归一化处理,结果如图 2-22(b)所示。

由图 2-22 可知:自然与饱水状态下岩样在第一个循环(第一个循环为完整岩样)之后内部均产生了损伤,虽然绝对和累积损伤参数均较小,但岩样内部的损伤已较为严重。随着循环次数的增加,自然与饱水岩样的绝对和累积损伤参数均不断增大,累积损伤参数的增大趋

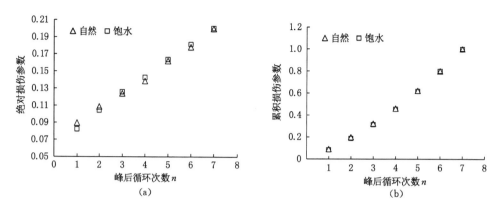

图 2-22 损伤参数与峰后循环次数的关系

势基本一致且均呈近似线性的稳定增长,饱水岩样的绝对损伤参数增长趋势较自然岩样的稍快,说明饱水对岩样的损伤具有促进作用。

2.7.3 饱水对波速的影响

峰后循环加卸载过程中,每个加卸载循环中卸载到外载荷为 2 kN 时对岩样的波速进行监测,得到自然与饱水岩样损伤过程中波速的变化规律。为了消除岩样的离散性和试验的误差,分别对自然和饱水状态下岩样的波速求平均值,得到峰后循环加卸载过程中岩样波速与轴向塑性应变的关系如图 2-23 所示。

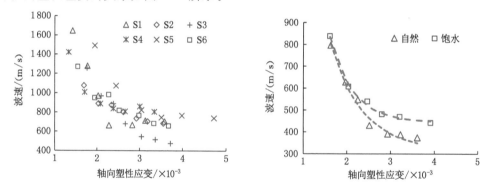

图 2-23 波速与轴向塑性应变的关系

由图 2-23 可知:自然与饱水状态下岩样在峰后循环加卸载过程中的波速均随着轴向塑性应变的增加而减小,二者之间均符合带有常数项的指数函数关系,且饱水岩样的波速始终大于自然岩样的波速。这表明在峰后循环加卸载过程中,自然与饱水岩样内部的裂隙数量和裂隙宽度均不断增加,从而导致波速降低,波速降低主要是由岩样内部裂隙的宽度、方向、数量等因素决定的。从理论上来看,裂隙的数量越多、宽度越大的岩样,其波速的降低程度也就越大。饱水降低了岩样的强度,使岩样内部颗粒得到软化,这就使岩样沿其弱面破坏,减少了其裂隙数量;内部颗粒或块体的软化也使得裂隙的宽度减小。由此可知:饱水岩样内部的裂隙数量和裂隙宽度相对来说要比自然岩样的小,这就使得饱水岩样在峰后循环加卸载过程中的波速始终小于自然岩样的波速。

2.7.4　破坏模式影响分析

图 2-24 为干燥砂岩与饱水砂岩的最终破坏图。S04 与 S07 的破坏试样过于散碎,整理时不小心捏碎而没有得到破坏试样。由图 2-24 可知:干燥砂岩与饱水岩石在单轴压缩循环加载时,岩石整体上均要发生竖向劈裂与横剪组合破坏。干燥岩石的破坏迹线较少,基本上都是沿着岩样内部弱结构面向外延伸,最后形成一条主控破裂面。干燥岩石内部除了主破裂面以外,其他裂隙结构受外荷载压缩作用不明显,没有形成肉眼可见的外部宏观裂纹和破裂面。相比干燥岩石,饱水岩石破坏形成的迹线就比较多。岩石经过饱水作用后,岩石内部裂隙和颗粒间胶结结构就会产生一定的软化作用。饱水岩石在峰后循环加卸载作用下会形成许多弱面,饱水岩石会形成较多的宏观破坏裂纹和破裂面。饱水岩石破坏之后形成较多的肉眼可见的裂纹和裂隙。饱水岩石破坏之后会比较破碎,许多颗粒散落。

S01	S02	S03	S05	S06	S08
（a）干燥砂岩			（b）饱水裂隙砂岩		

图 2-24　峰后循环加卸载条件下干燥砂岩与饱水裂隙砂岩破坏情况

3 裂隙砂岩单轴蠕变力学特性

采用 RMT-150B 型岩石力学试验系统对完整岩样进行单轴压缩峰前屈服、峰后破裂各点处完全卸载试验,制备出具有不同损伤程度的峰前屈服、峰后破裂岩样(裂隙砂岩)。裂隙砂岩在一定程度上可以表征巷(隧)道开挖后松动圈内不同深度处破裂围岩的力学性能,通过对峰前损伤、峰后破裂岩样蠕变力学性能的研究,间接实现对实际工程破裂围岩长期承载力学特性研究的目的。

3.1 裂隙砂岩制备与单轴蠕变试验设备

粗砂岩的单、三轴常规试验与制备不同破裂损伤程度的岩样,采用河南理工大学岩石实验室的 RMT-150B 型岩石力学试验机[图 3-1(a)],其主要性能指标如下:最大垂直静载荷为 1 000 kN,最大垂直动载荷为 500 kN;最大水平静载荷为 500 kN,最大水平动载荷为 300 kN;系统精度<0.5%;系统零漂<0.05%;最大压缩变形量为 20 mm,最大剪切变形量为 20 mm;三轴压力盒最高围压为 50 MPa;伺服液压行程为 50 mm。

破裂损伤岩样单轴蠕变试验采用由长春朝阳仪器厂生产的 RLW-2000 型微机岩石三轴流变仪[图 3-1(b)],其主要技术参数为:变形测量范围轴向为 0~5 mm,径向为 0~2 mm,测量精度在值的 0.5% 以内,轴压≤2 000 kN,围压≤50 MPa;试件尺寸有 ϕ50 mm×100 mm、ϕ75 mm×150 mm 两种规格。其特点是能较好地进行岩石高压三轴蠕变试验。

| (a) 试验主机 | (b) 环向变形测量 |

图 3-1 试验仪器

3.2　岩样情况

破裂损伤岩样单轴蠕变均采用颗粒较大的粗砂岩,按照国际岩石力学协会所推荐的加工成 50 mm×100 mm 标准试件。为了降低材料不均质性与端部摩擦效应的影响,对所有岩样进行相应的声波测试,选取声波值较接近的岩样进行试验。具体的岩样性能指标见表 3-1,加工的部分岩样照片如图 3-2 所示。

表 3-1　岩样性能指标

试件编号	试件尺寸		波速/(m/s)	试验方案
	直径/mm	高/mm		
B12	49.00	91.4	2 246	单轴
B01	48.80	99.6	2 326	单轴
B02	48.90	98.6	2 294	单轴峰前卸载+单轴流变
B03	49.30	100.4	2 391	单轴峰后卸载+单轴流变
B04	49.06	97.7	2 315	单轴峰后卸载+单轴流变
B07	49.30	99.6	2 203	单轴峰后卸载+单轴流变
B09	49.14	101.2	2 279	单轴峰后卸载+单轴流变
B11	49.20	97.8	2 396	单轴峰后卸载+单轴流变

图 3-2　部分试验岩样

3.3　试验方案设计

采用 RMT-150B 型岩石力学试验系统对完整岩样进行单轴压缩峰前屈服、峰后破裂各点处($A\sim E$)完全卸载试验(加载路径示意图见图 3-3),制备出具有不同破裂损伤程度的峰前屈服、峰后破裂岩样,采用 RLW-2000 型岩石流变仪进行单轴蠕变试验。

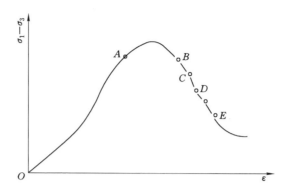

图 3-3　裂隙砂岩制备加载与卸载路径示意图

3.4　岩样力学特性分析

3.4.1　单轴蠕变岩样力学特性分析

单轴压缩峰前屈服、峰后破裂试验岩样全应力-应变关系曲线如图 3-4 至图 3-6 所示,岩样力学性能参数见表 3-2。

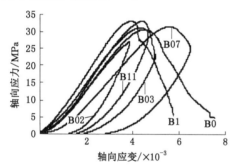

图 3-4　轴向应力-轴向应变关系曲线

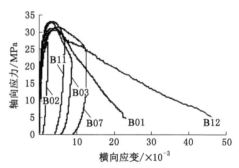

图 3-5　轴向应力-横向应变关系曲线

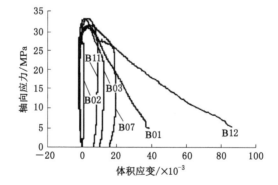

图 3-6　轴向应力-体积应变关系曲线

表 3-2 峰前屈服、峰后破裂试验岩样力学性能参数

岩样编号	屈服应力/MPa	峰值应力/MPa	弹性模量/GPa	卸载点		屈服点应变/×10⁻³			峰值点应变/×10⁻³			卸载点应变/×10⁻³			残余应变/×10⁻³		
				应力/MPa	峰值比/%	轴向	横向	体积	轴向	横向	体积	轴向	横向	体积	轴向	横向	体积
B01	23.81	30.61	9.03			3.24	0.95	−1.34	4.51	3.84	3.16						
B12	25.49	33.01	9.64			2.81	0.91	−0.98	3.89	3.40	2.90						
B02	22.18	31.82	8.37	27.05	85.69	3.14	1.04	−1.05	4.31	3.52	2.73	3.89	2.24	0.62	1.25	1.00	0.76
B11	24.04	31.10	9.15	27.82	89.46	3.04	0.70	−1.63	4.36	3.71	3.05	4.67	6.66	8.62	1.55	4.16	6.76
B03	25.37	33.	9.84	22.00	66.6	3.18	0.66	−1.85	4.47	3.14	1.81	4.99	8.62	12.26	1.79	5.79	9.78
B07	24.63	31.37	7.74	24.27	77.36	4.18	1.42	−1.32	5.63	5.08	4.44	6.5	12.48	18.46	2.81	9.09	15.37

注:体积应变压缩为"−",扩容为"+";试样 B02 峰值强度为其余 5 块岩样平均值,峰值点应变为岩样 B01、B12、B11、B03 平均值。

由图 3-4 至图 3-6 与表 3-2 可知:所采用岩样单轴压缩峰值强度几乎相当,平均值为 31.822 MPa(5 块的平均值),标准差为 0.998 MPa;屈服应力也几乎相当,平均值为 24.258 MPa(6 块的平均值),标准差为 1.118 MPa,且屈服应力与峰值应力的比值几乎相当,比值平均值为 0.762,标准差为 0.014,表明所选用岩样各强度参数离散性较低,可以满足研究目的的要求。

岩样变形具有以下几个特征:

(1) 全应力-应变关系曲线明显分为初始压密、线弹性、塑性屈服、峰后应变软化等阶段。由于采用岩样为粗砂岩,胶结颗粒较大,峰值破裂后颗粒间的摩擦作用效应明显,致使岩样峰后应变软化阶段明显,破坏过程相对稳定,这有利于本书中对各岩样变形破坏过程的研究,剔除初始压密阶段离散性较大的 B07 试样后,其变形特性存在较好的一致性。弹性模量平均值为 9.212 GPa,标准差为 0.513 GPa;屈服点轴向应变平均值为 3.09×10⁻³,横向应变平均值为 0.86×10⁻³,体积应变平均值为 −1.37×10⁻³;各岩样峰值点处的变形值也几乎相当,表明所选用岩样各变形参数离散性较小,均质性较好。

(2) 屈服点是各岩样横向应变、体积应变明显增加的转折点,过屈服点后随着轴向变形的增加,横向、体积变形迅速增加,如各岩样峰值点处相比屈服点处,在平均轴向变形增加 0.40 倍的情况下,横向应变增加了 3.12 倍,体积应变增加了 2.99 倍。

(3) 各岩样体积应变反向点(压缩转膨胀)均发生在线弹性阶段,且更靠近屈服点;体积应变由"−"变为"+"(开始膨胀),转化点均处于屈服应力与峰值应力之间,且几乎处于二者中间区域。

(4) 无论是峰前屈服阶段还是峰后应变软化阶段卸载,岩样均存在明显的残余变形,且卸载点距残余强度阶段越近,残余变形越大。

如试样 B02 峰前 85.69% 峰值点处卸载,各残余应变分别为:轴向应变为 1.25×10⁻³、横向应变为 1.0×10⁻³、体积应变为 0.76×10⁻³。试样 B03 峰后 66.67% 峰值点处卸载,各残余应变分别为:轴向应变为 1.79×10⁻³、横向应变为 5.79×10⁻³、体积应变为 9.78×10⁻³,分别为试样 B02 的 1.44 倍、5.77 倍、12.89 倍。

3.4.2 单轴蠕变加载等级方案设计

表 3-3 中各级应力水平所持续的时间在兼顾试验条件所允许的情况下,主要根据试样的轴向蠕变速率确定,每级应力水平持续时间不短于 48 h,且蠕变增量小于 0.001 mm/h 时即认为该应力水平下岩样蠕变已基本趋于稳定,可施加至下一级应力水平。每级应力水平加载速率为 0.25 MPa/s。试验过程中采样频率为:开始加载至加载 1 h 内数据采样间隔为 0.005 min,之后间隔为 0.1 min,最后一级荷载施加后间隔为 0.05 min。

表 3-3 峰后破裂砂岩单轴蠕变分级及应力水平

蠕变分级	B02		B11		B03	
	应力水平/MPa	应力水平与峰值强度比值/%	应力水平/MPa	应力水平与峰值强度比值/%	应力水平/MPa	应力水平与峰值强度比值/%
第 1 级	18.13	58	18.13	65	12.10	55
第 2 级	19.52	62	19.52	70	14.30	65
第 3 级	20.91	66	20.91	75	16.50	75
第 4 级	22.91	73	22.91	82	18.13	82
第 5 级	24.91	79	24.91	90	—	—
第 6 级	26.91	86	—	—	—	—
第 7 级	28.41	90	—	—	—	—
第 8 级	29.91	95	—	—	—	—

3.5 峰后裂隙砂岩单轴试验结果分析

由于试验采用单轴、单体、分级加载的试验方式,需要对试验数据进行 Boltzmann 叠加处理,图 3-7 至图 3-9 给出了 Boltzmann 叠加后各级应力水平下的蠕变曲线。表 3-4 给出了各损伤岩样单体各级应力水平下的蠕变参数。

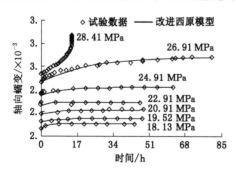

图 3-7 B02 单轴蠕变-时间关系曲线

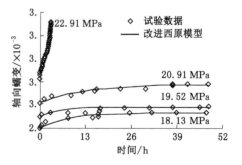

图 3-8 B11 单轴蠕变-时间关系曲线

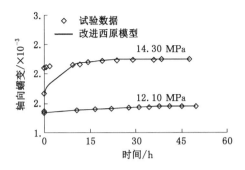

图 3-9 B03 单轴蠕变-时间关系曲线

表 3-4 B02、B11、B03 单轴蠕变参数

试样编号	应力水平级别	瞬时应变 /×10^{-3}	蠕变/×10^{-3}	瞬时变形模量 /GPa	蠕变稳定时间 /h	总时间/h
B02	1	2.291	0.071	7.913	39.705	44.267
	2	2.382	0.041	8.193	12.269	47.592
	3	2.484	0.061	8.419	32.299	48.337
	4	2.585	0.051	8.862	15.009	47.984
	5	2.727	0.101	9.134	37.856	62.410
	6	2.889	0.345	9.314	未稳定	80.443
	7	2.991	0.507	9.500	破坏	13.902
B11	1	2.904	0.133	6.243	25.983	47.354
	2	2.996	0.092	6.516	45.486	47.927
	3	3.118	0.163	6.706	37.628	47.746
	4	3.323	0.501	6.895	破坏	3.050
B03	1	2.002	0.080	6.045	41.080	49.732
	2	2.191	0.368	6.527	38.414	47.466

注:B02 第 7 级应力水平为 28.41 MPa,即 90%σ_{max}(σ_{max}为单轴压缩峰值强度),蠕变破坏;B11 第 4 级应力水平为 22.91 MPa,即 82%σ_{max},蠕变破坏;B02、B11 最后一级蠕变取值为自该级应力水平施加至应力水平未降低时区间所对应的蠕变;B03 第 3 级应力水平为 16.50 MPa,即 75%σ_{max},加载破坏。

3.5.1 峰前屈服卸载岩样 B02 单轴蠕变分析

峰前屈服卸载岩样 B02 共进行了 7 级加载,总计 344.935 h 的单轴蠕变试验,较完整地获得了峰前屈服损伤岩石单轴蠕变各个阶段的曲线。

由图 3-7、表 3-4 可知其单轴蠕变特性如下:

(1) 当应力水平低于 26.91 MPa(86%σ_{max})时,各级应力水平下岩石单轴蠕变曲线仅出现减速蠕变阶段;当应力水平等于 26.91 MPa(86%σ_{max})时,蠕变曲线出现了减速蠕变和等速蠕变两个阶段;当应力水平提高至 28.41 MPa(90%σ_{max})时,蠕变曲线出现了减速蠕变、等速蠕变、加速蠕变 3 个阶段,岩样随即发生蠕变破坏。

（2）各级应力水平下，岩石单轴瞬时应变量随着应力水平的提高逐渐增加，二者之间基本符合线性关系（图 3-10），具体函数关系式为：

$$\varepsilon_{1瞬} = 0.067\sigma + 1.057 \quad (R^2 = 0.997) \tag{3-1}$$

式中　$\varepsilon_{1瞬}$——单轴瞬时应变量；

　　　　σ——应力水平，MPa。

（3）岩石单轴蠕变变化规律为：当应力水平大于或等于 26.91 MPa（86% σ_{max}）时，蠕变相对较大，两级应力水平下分别约为其瞬时应变量的 11.94%、16.95%；小于 26.91 MPa（86% σ_{max}）时，各级应力水平下其蠕变相对较小，最大值仅为瞬时应变量的 3.70%，平均值为 2.59%。随着应力水平的提高，其蠕变总体趋势为逐渐增加，剔除离散点（首级应力水平），二者基本符合指数关系（图 3-11），具体函数关系式为：

$$\varepsilon_{1蠕} = 0.000\,02\mathrm{e}^{0.357\,69\sigma} \quad (R^2 = 0.971) \tag{3-2}$$

式中　$\varepsilon_{1蠕}$——单轴蠕变。

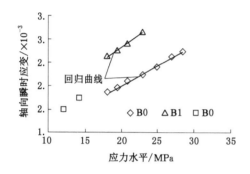
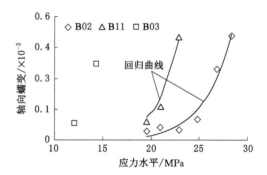

图 3-10　各级应力水平与其瞬时应变的关系曲线　　图 3-11　各级应力水平与其单轴向蠕变的关系曲线

需要注意的是，同为低应力水平的首级应力，其蠕变相对较大，约为其瞬时蠕变的 3.10%。

各级应力水平下轴向蠕变符合以上规律，分析原因可能为：由于初始损伤岩样为峰前屈服、峰后破裂卸载制备的，内部已存在次生的微裂隙，此时的岩样结构与完整岩样相比处于一种非稳态状态，再次受载后，在应力水平不高的情况下，非稳态的岩石结构会向一种稳定的结构转变，转变的过程伴随着岩石结构明显的变化，体现为在恒定低应力水平下（首级应力水平）的轴向明显蠕变；当岩石结构达到一种稳定性后，在应力水平（第 4 级应力水平以下）不足以影响该结构时，结构改变很小，体现为轴向蠕变很小。随着应力水平的提高，当应力水平提高至结构改变的临界荷载或超过临界荷载时（第 5～7 级应力水平），结构开始改变，最后直至破坏。

（4）每级荷载均存在瞬时应变，将每级荷载值与此级荷载作用下的瞬时应变的比值定义为该级荷载的瞬时变形模量[24]，图 3-12 计算给出了各级应力水平对应的瞬时变形模量。

由图 3-12 可知：各级瞬时变形模量随着应力水平的提高逐渐增大，二者存在较好的线性关系，具体函数关系式为：

$$E_{瞬变} = 0.154\sigma + 5.183 \quad (R^2 = 0.981) \tag{3-3}$$

式中　$E_{瞬变}$——瞬时变形模量，GPa。

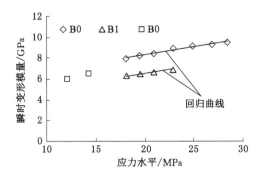

图 3-12 各级应力水平与其瞬时变形模量的关系曲线

3.5.2 峰后裂隙砂岩单轴蠕变分析

峰后卸载试样 B11 共施加了 4 级荷载,总计 146.08 h,获得了峰后破裂岩石单轴蠕变各阶段的曲线。由图 3-12 和表 3-4 可知其单轴蠕变特性如下:

(1)应力水平低于 20.91 MPa($75\%\sigma_{\max}$)时,各级应力水平下蠕变曲线仅出现了减速蠕变阶段;当等于 20.91 MPa($75\%\sigma_{\max}$)时,蠕变曲线出现了减速蠕变和等速蠕变两个阶段,虽然在试验 37.628 h 时刻稳定,但蠕变速率并不为 0,结合该级荷载作用下蠕变曲线特征分析,稳定只是暂时的,如果时间足够长,按照理论分析,该级荷载作用下岩样同样会发生蠕变破坏;应力水平提高至 22.91 MPa($82\%\sigma_{\max}$)时,岩样在加载 2.274 h 后即进入加速蠕变破坏阶段,蠕变曲线同时出现了减速蠕变、等速蠕变、加速蠕变 3 个阶段。

(2)各级应力水平下,岩石单轴瞬时应变量随着应力水平的提高逐渐增加,二者之间基本呈线性关系(图 3-10),具体的函数关系式为:

$$\varepsilon_{1瞬} = 0.088\sigma + 1.284 \quad (R^2 = 0.991) \tag{3-4}$$

另外,各级瞬时变形模量随着应力水平的提高而逐渐增大,二者存在较好的线性关系,其函数关系与峰前屈服卸载岩样 B02 一致,公式为:

$$E_{瞬变} = 0.134\sigma + 3.853 \quad (R^2 = 0.970) \tag{3-5}$$

(3)蠕变变化规律为:① 第 1 级荷载 18.13 MPa($65\%\sigma_{\max}$)施加后,约 8 h 内蠕变连续增加,蠕变达到 0.082×10^{-3},约占该级荷载作用下总蠕变的 61.45%,至 25.983 h 后,蠕变趋于稳定。② 第 2 级荷载 19.52 MPa($70\%\sigma_{\max}$)施加后,约 3.233 h 内蠕变连续增加,蠕变达到 0.041×10^{-3},约占该级荷载作用下总蠕变的 44.38%,稳定 13.845 h 后,在 0.33 h 内蠕变增加了 0.041×10^{-3},随后处于暂时稳定状态,经过 28.257 h 后,蠕变仅增加了 0.01×10^{-3}。③ 第 3 级荷载 20.91 MPa($75\%\sigma_{\max}$)施加后,约 16.285 h 内蠕变连续增加,蠕变达到 0.123×10^{-3},占该级荷载作用下总蠕变的 75.07%,之后至 37.63 h 蠕变仅增加了 0.04×10^{-3}。④ 第 4 级荷载为 22.91 MPa($86\%\sigma_{\max}$)施加后,由蠕变速率分析可知试验进行 0.4 h 左右蠕变进入等速蠕变阶段,2.274 h 左右开始加速蠕变;加载 3.05 h 时发生蠕变破坏。

(4)随着应力水平的提高,各级荷载作用下蠕变总体趋势为逐渐增加,剔除离散点(首级应力水平),二者符合指数关系(图 3-11),函数关系式为:

$$\varepsilon_{1蠕} = 0.00002e^{0.44057\sigma} \quad (R^2 = 0.979) \tag{3-6}$$

峰后卸载试样 B03 共进行了 2 级荷载作用下的蠕变试验,总计 97.198 h。由于对其峰值荷载判断有误,造成第 3 级荷载 16.50 MPa 刚施加到设计值岩样随即发生瞬时破坏,仅获得了损伤岩样单轴蠕变第 1 阶段(减速蠕变)的曲线。

由图 3-10、图 3-11、表 3-4 可知:随着荷载水平的提高,瞬时应变量、蠕变均是逐渐增加的,第 1 级荷载 12.10 MPa 施加后,瞬时应变、蠕变分别为 2.002×10^{-3}、0.08×10^{-3};第 2 级荷载 14.30 MPa 施加后,瞬时应变增加了 0.189×10^{-3}(约增加 9.45%),蠕变增加了约 3.62 倍,达到了 0.368×10^{-3},表明该岩样在峰后卸载时已明显破裂损伤,在应力水平提高幅度不大的情况下,瞬时应变、蠕变增加明显;瞬时变形模量变化规律与岩样 B02、B11 一致,也是随着荷载水平的提高而增大。

3.5.3 峰前屈服、峰后破裂岩样对比分析

这里仅选择与峰前屈服卸载岩样 B02 具有相同应力水平(18.13 MPa、19.52 MPa、20.91 MPa、22.91 MPa)的峰后卸载岩样 B11 进行对比分析,分析二者在相同应力水平下单轴蠕变规律的异同。

由试验数据可知二者单轴蠕变规律异同如下:

(1)由图 3-10 可知:各级应力水平下,瞬时应变均随着应力水平的提高而逐渐增加,且符合线性函数关系。各应力水平下对应的瞬时应变二者之间存在明显差异,如在 18.13 MPa 荷载作用下,峰前屈服荷载的岩样 B02 瞬时应变为 2.291×10^{-3},而峰值后卸载的岩样 B11 瞬时应变为 2.904×10^{-3},约是岩样 B02 的 1.268 倍。经计算,各级荷载作用下岩样 B11 的瞬时应变平均是岩样 B02 的 1.267 倍。随着荷载水平的提高,增加的速度(回归曲线的斜率,单位为 10^{-3} MPa^{-1})也不尽相同。总体来说,峰后卸载岩样的高于峰前卸载岩样的,如试样 B02 为 0.067,试样 B11(89.46% σ_{max})的速率为 0.088,峰后卸载岩样 B11 约是峰前屈服卸载岩样 B02 的 1.31 倍;峰后卸载岩样 B11 单位应力所增加的瞬时应变随着应力水平的提高具有单调线性增加的规律,而对峰前屈服卸载岩样 B02 规律则不明显,有增有减。

(2)由图 3-11 可知:各级应力水平下,剔除首级荷载,蠕变均随着应力水平的提高逐渐增加,且符合指数函数关系。各应力水平下对应的蠕变二者之间存在明显差异,且随着荷载水平的进一步提高,二者差异程度增加,如 19.52 MPa 荷载作用下,峰前屈服卸载岩样 B02 蠕变为 0.041×10^{-3},而峰值后卸载的岩样 B11 蠕变为 0.092×10^{-3},约是岩样 B02 的 2.244 倍,当荷载增大到 20.91 MPa、22.91 MPa 时,岩样 B11 蠕变分别为岩样 B02 的 2.668 倍、9.824 倍。

(3)由图 3-12 可知:各级应力水平下,峰前卸载岩样 B02、峰后卸载岩样 B11 和 B03,各瞬时变形模量随着应力水平的提高均有增大。对于岩样 B02、B11,二者之间均符合线性函数关系。各应力水平下对应的瞬时变形模量存在明显差异,岩样损伤程度越高,瞬时变形模量越低,如 18.13 MPa 荷载作用下,峰前屈服卸载岩样 B02 瞬时变形模量为 7.913 GPa,而峰值后卸载岩样 B11 瞬时变形模量为 6.243 GPa,相比岩样 B02 降低了约 21.10%。经计算,各级荷载作用下,岩样 B11 瞬时变形模量平均是岩样 B02 的 79%,约降低 21%。

(4)峰前屈服卸载岩样 B02、峰后卸载岩样 B11 发生蠕变破坏时,轴向应变量分别为 4.167×10^{-3}、4.213×10^{-3},单轴压缩时两岩样峰值处轴向应变量分别为 4.313×10^{-3}、4.369×10^{-3},二者基本相当,表明岩石瞬时破坏与蠕变破坏轨迹具有一致性。

　　（5）对各应力水平下蠕变曲线特性、瞬时应变量、瞬时变形模量、蠕变及稳定时间等综合比较,损伤程度对岩样单轴蠕变特征存在明显的弱化作用。二者之间的定量关系有待进一步研究。

3.5.4　单轴蠕变模型分析

　　由各损伤岩样蠕变曲线分析可知:轴向蠕变包括瞬时弹性应变且蠕变随着时间的延续逐渐增加,则蠕变模型中应含有弹性元件和黏性元件。另外,当加载应力水平低于长期强度时,应变逐渐趋于稳定;反之,应变不收敛,岩样将发生蠕变破坏。根据以上分析,拟选择改进的西原模型来描述损伤砂岩的蠕变特征。改进西原模型各元件及关系如图 3-13 所示。

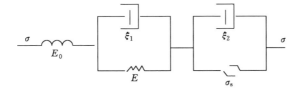

图 3-13　改进的西原流变力学模型

　　蠕变方程为:

$$\begin{cases} \varepsilon(t) = \dfrac{\sigma}{E_0} + \dfrac{\sigma}{E_1}\Big[1 - \exp\Big(-\dfrac{E_1}{\xi_1}t\Big)\Big] & (\sigma < \sigma_s) \\[2mm] \varepsilon(t) = \dfrac{\sigma}{E_0} + \dfrac{\sigma}{E_1}\Big[1 - \exp\Big(-\dfrac{E_1}{\xi_1}t\Big)\Big] + \dfrac{\sigma - \sigma_s}{\xi_2}\Big(\dfrac{A}{3}t^3 - \dfrac{B}{2}t^2 + Ct\Big) & (\sigma \geqslant \sigma_s) \end{cases} \tag{4-7}$$

式中　σ_s——岩样长期强度;

　　　t——蠕变时间;

　　　$\varepsilon(t)$——蠕变;

　　　ξ_1,ξ_2——黏性系数;

　　　E_0,E_1——模型的弹性模量。

　　（1）当 $\sigma < \sigma_s$ 时,蠕变曲线仅出现减速蠕变阶段,之后趋于稳定。其参数 E_0、E_1、ξ_1 可由式(3-8)至式(3-10)直接计算得到。

$$E_0 = \frac{\sigma}{\varepsilon_0} \tag{3-8}$$

$$E_1 = \frac{\sigma}{\varepsilon_\infty - \varepsilon_0} \tag{3-9}$$

$$\xi_1 = \frac{E_1 t}{\ln \sigma - \ln[\sigma - E_1(\varepsilon - \varepsilon_0)]} \tag{3-10}$$

式中　ε_0——该级应力水平下的瞬时应变量,由加载瞬时的读数得到;

　　　ε_∞——该级应力水平下 $t \to \infty$ 时的蠕变,可由蠕变曲线获得;

　　　ε——蠕变曲线上任取一时间 $t > 0$ 时所对应的蠕变。

　　（2）当 $\sigma \geqslant \sigma_s$ 时,蠕变曲线将会出现减速蠕变、等速蠕变、加速蠕变三个阶段,当蠕变曲线进入加速阶段时,表明蠕变破坏即将发生。其参数的求解,可采用数值拟合方法求取模型参数。

通过计算和参数拟合,获得岩样各级应力水平下改进的西原模型蠕变参数,见表 3-5。改进西原模型曲线与经验模型曲线对比结果如图 3-7 至图 3-9 所示。

表 3-5　岩样各级应力水平下改进西原模型参数计算结果和拟合结果

岩样编号	σ/MPa	E_0 /GPa	E_1 /GPa	ξ_1 /(GPa·h)	ξ_2 /(GPa·h)	A	B	C
B02	18.13	7.913	255.478	711.437				
	19.52	8.194	481.363	3 387.786				
	20.91	8.417	343.760	5 641.094				
	22.91	8.864	451.968	281.095				
	24.91	9.134	245.712	2 111.758				
	26.91	9.316	78.071	1 740.058				
	28.41	9.498	162.343	721.524	125.000	0.059	0.350	0.230
B11	18.13	6.243	136.199	1 152.981				
	19.52	6.516	211.793	1 167.208				
	20.91	6.707	127.936	1 587.519				
	22.91	6.829	169.704	19.150	2.143	0.060	0.042	0.010
B03	12.10	6.045	151.885	3 666.253				
	14.30	6.525	39.889	209.677				

由图 3-7 至图 3-9 可知:岩样各级应力水平下,改进的西原模型能够较好地模拟峰前屈服、峰后破裂损伤砂岩单轴蠕变特征。

3.6　峰后裂隙砂岩单轴蠕变数值模拟

前文仅对损伤岩样蠕变力学特性的变化规律提出了定性描述,由于岩石工程的不可重复性,制备多个不同损伤程度的岩样难度较大,所以探讨其定量关系不容易,因而拟采用颗粒流数值模拟软件来建立粗砂岩数值模型,以此制备不同损伤程度的裂隙岩样,选取合适的参数可以表征岩样损伤程度的损伤因子,定量分析不同损伤程度岩样单轴蠕变特性。

3.6.1　峰后裂隙砂岩颗粒流模型的建立

以前文中建立的粗砂岩为基础,按照图 3-3 所设计的试验方案建立峰后损伤岩样颗粒流模型。试验共进行了峰后 5 个不同点的卸载,建立了 5 个峰后损伤岩样的颗粒流模型(编号分别为 U00,U01,U02,U03,U04)。各个损伤裂隙岩样具体卸载点及各卸载点处岩样如图 3-14 和图 3-15 所示。

综合比较卸载点处的各个指标,分别选取以下指标作为峰后破裂岩样的损伤因子,来定量描述其损伤程度,具体计算结果见表 3-6。

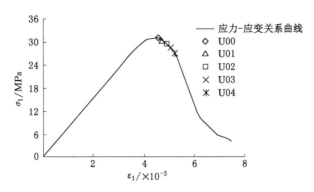

图 3-14　峰后不同卸载点分布图

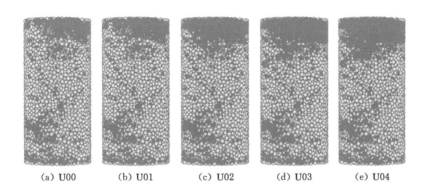

(a) U00　　　(b) U01　　　(c) U02　　　(d) U03　　　(e) U04

图 3-15　不同峰后破裂程度的裂隙岩样

表 3-6　岩样损伤因子

岩样	D	D_V
U00	0.140 8	0.246 4
U01	0.156 2	0.784 7
U02	0.239 4	5.526 8
U03	0.279 1	8.832 2
U04	0.332 9	11.819 2

（1）弹性模量损伤率

初次加载与二次加载时弹性模量降低比率，其值越大代表岩样损伤程度越大，可按式（3-11）计算。

$$D = E'/E \tag{3-11}$$

式中　D——弹性模量损伤率；

　　　E'——二次加载时的弹性模量；

　　　E——初次加载时的弹性模量。

（2）体积膨胀比

峰值点为岩样结构的突变点，其体积应变的变化会由"－"变为"＋"，岩样会发生明显的膨胀现象，即扩容，岩样自身承载能力的下降会导致岩样结构不断劣化。若用卸载点处的体积应变与峰值点处的体积应变对比,所得结果不能表征岩样真实的破裂损伤程度。综合分析,拟采用峰值点与卸载点体积应变之差与峰值点处体积应变之比(体积膨胀比 D_v)作为衡量岩样弱化程度的指标更加准确。若 D_v 越大,表明岩样峰后变形相对越大,可以说明岩样损伤程度越大。

3.6.2 颗粒流模型中蠕变参数的标定

在进行颗粒流蠕变模拟前,必须基于室内蠕变试验数据对颗粒流蠕变模型中有关蠕变参数进行标定。同样以室内试验中峰后 27.882 MPa 卸载所得损伤岩样 B11 单轴蠕变曲线为基准进行标定。采用单因素分析法改变模型中某个参数(单位速度 β_1、无量纲常数 β_2、微活化应力 $\overline{\sigma_a}$)进行大量流变模拟,获得细观参数对流变断裂时间 t_f 的影响,砂岩数值模型各标准流变参数设置为:单位速度 β_1 为 5×10^{-16} m/s,无量纲常数 β_2 为 20,微活化应力 $\overline{\sigma_a} =$ 7 MPa,各个流变参数与断裂时间之间关系如图 3-16 所示。

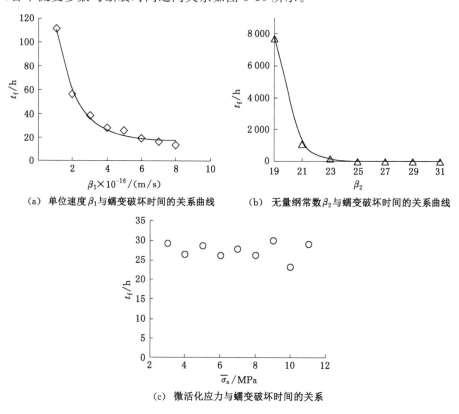

(a) 单位速度 β_1 与蠕变破坏时间的关系曲线　　(b) 无量纲常数 β_2 与蠕变破坏时间的关系曲线

(c) 微活化应力与蠕变破坏时间的关系

图 3-16　蠕变细观参数对断裂时间的影响

蠕变模型中,β_1 与蠕变断裂时间 t_f 呈幂函数关系:随着 β_1 的不断增大,蠕变断裂时间 t_f 出现急剧减小的趋势;当 $\beta_1 \to 0$ 时模型基本不发生蠕变断裂;当 β_1 大于某个值时,模型会发生瞬时断裂破坏,蠕变断裂时间 $t_f \to 0$。β_2 与断裂时间 t_f 也呈幂函数关系:随着 β_2 的增大,断裂时间 t_f 呈现减小趋势;$\beta_2 \to 0$ 时,模型基本不发生蠕变断裂;当 β_2 大于某个值时,模型会发生瞬时断裂破坏,蠕变断裂时间 $t_f \to 0$。微活化应力 $\overline{\sigma_a}$ 与断裂时间之间未发现明显的函数关系,随着微活化应力 $\bar{\sigma}_a$ 的增大,断裂时间呈现上下波动的状态。以室内试验中峰后 27.882 MPa 卸载所得到损伤岩样 B11 单轴蠕变曲线为基准进行标定,设定加载应力水平与室内蠕变试验应力水平一致(18.13 MPa、19.52 MPa、20.91 MPa、22.91 MPa),对峰后 27.867 MPa 卸载所得颗粒流模型(岩样 U03)进行分级增加轴压的单轴蠕变模拟试验,所得蠕变曲线对比如图 3-17 所示。

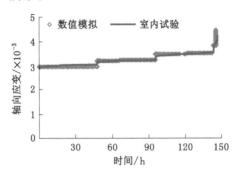

图 3-17　室内蠕变试验结果与数值模拟结果对比

3.6.3　颗粒流蠕变模拟中加载应力水平的确定

为了对峰后损伤岩样蠕变试验中各加载应力水平进行合理设计,有必要获得峰后损伤岩样再加载试验的峰值强度。采用颗粒流模拟方法对峰后损伤岩样进行再加载试验,各损伤岩样二次加载所得全应力-应变关系曲线如图 3-18 所示,其基本力学性能参数见表 3-7。

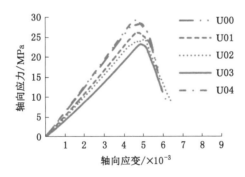

图 3-18　峰后破裂岩样二次加载曲线

表 3-7　峰后破裂岩样二次加载力学参数

岩样编号	峰值/MPa	弹性模量/GPa	弹性模量衰减率/%	峰值强度衰减率/%	峰值点轴向应变/×10⁻³
U00	29.34	6.71	14.08%	6.21%	4.596 8
U01	28.475	6.59	15.62%	8.98%	4.676 9
U02	26.15	5.94	23.94%	16.41%	4.919 5
U03	24.354	5.63	27.91%	22.15%	5.013 3
U04	23.266	5.21	33.29%	25.63%	5.185 2

由表 3-7 和图 3-18 可知:峰后卸载所得损伤岩样再次加载时强度参数峰值强度,变形参数弹性模量均出现了不同程度的降低,卸载点越靠近残余强度阶段,岩样损伤程度越高,其峰值强度、弹性模量降低程度越低,如卸载最晚的岩样 U04 峰值强度降低率是卸载最早的岩样 U00 的 4.127 倍,其弹性模量降低率是岩样 U00 的 2.364 倍。

结合各损伤岩样再加载峰值强度值,同时考虑便于对同一应力水平时不同损伤程度岩样蠕变特性的对比分析,设计的各损伤岩样加载应力水平见表 3-8,每级应力水平时蠕变时间设计为约 500 h。

表 3-8　峰后破裂岩样单轴蠕变加载应力　　　　　　　　　单位:MPa

荷载水平	第 1 级	第 2 级	第 3 级	第 4 级
U00	12(40.89%)	14(47.72%)	16(54.53%)	18(61.35%)
U01	12(42.14%)	14(49.16%)	16(56.19%)	18(63.21%)
U02	12(45.89%)	14(53.54%)	16(61.19%)	18(68.83%)
U03	12(49,27%)	14(57.49%)	16(65.69%)	18(73.91%)
U04	12(51.58%)	14(60.17%)	16(68.77%)	18(77.37%)
荷载水平	第 5 级	第 6 级	第 7 级	第 8 级
U00	20(68.17%)	22(74.98%)	24(81.79%)	26(88.62%)
U01	20(70.24%)	22(77.26%)	24(84.28%)	25(87.79%)
U02	20(76.48%)	22(84.13%)	—	—
U03	20(82.12%)	—	—	—
U04	—	—	—	—

3.7　峰后裂隙砂岩单轴蠕变数值模拟结果分析

3.7.1　蠕变全过程曲线分析

前期室内单轴蠕变试验已经对轴向蠕变规律进行了研究,本部分内容主要是对损伤岩样侧向和体积蠕变特性进行研究,并综合对比分析损伤岩样轴向、侧向、体积蠕变特性的异同。各损伤岩样均在相同应力条件下加载至加速蠕变破坏阶段。图 3-19 为各个损伤岩样蠕变全过程的轴向应变、环向应变、体积应变(其中 ε_1、ε_2、ε_V 分别为轴向应变、环向应变、体积应变)。

岩样 U00 共进行了 8 级荷载共计 4 707.825 h 的单轴蠕变试验,岩样在应力水平 26 MPa(88.62% σ_{max})时发生蠕变破坏;岩样 U01 共进行了 8 级荷载共计 4 822.11 h 的单轴蠕变试验,岩样在应力水平 25 MPa(87.79% σ_{max})时发生蠕变破坏;岩样 U02 进行了 6 级荷载共计 3 004.706 h 的单轴蠕变试验,岩样在应力水平 22 MPa(84.13% σ_{max})时发生蠕变破坏;岩样 U03 进行了 5 级荷载共计 2 990.147 h 的单轴蠕变试验,岩样在应力水平 20 MPa(82.12% σ_{max})时发生蠕变破坏;岩样 U04 进行了 4 级荷载共计 2 465.422 h 的单轴蠕变试验,岩样在应力水平 18 MPa(77.37% σ_{max})时发生蠕变破坏。由以上分析可知:各损伤岩样蠕变破坏应力水平与其峰值之比值相差很大,损伤程度越高,蠕变破坏时的应力水平越低。

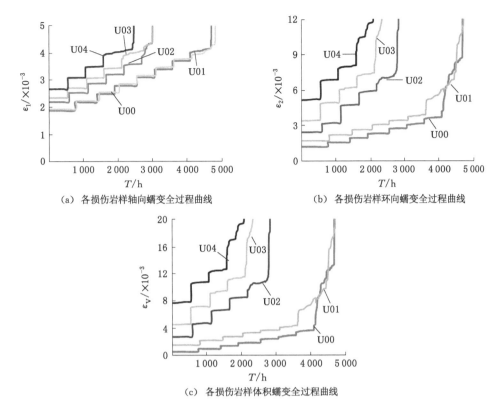

图 3-19 损伤岩样蠕变各应变全过程曲线

峰后损伤岩样蠕变过程中均发生明显的扩容现象,侧向、体积应变变化都大于轴向应变,对于损伤程度较低的岩样,在低应力水平下轴向应变大于侧向、体积应变,随着应力增大扩容现象越来越明显。U00 在 12 MPa 时轴向瞬时应变比环向瞬时应变多 35%,其是体积瞬时应变的 3.5 倍。U04 在 12 MPa 时环向瞬时应变是轴向应变的 1.9 倍,体积瞬时应变是轴向应变的 2.9 倍。各个损伤岩样环向蠕变都大于轴向蠕变,因而对于损伤岩样来说,蠕变过程中侧向应变、体积应变对损伤程度更加敏感。损伤程度较低的岩样在低应力水平时,轴向应变、环向应变、侧向应变均未发生明显突变,随着应力增大,侧向、环向率先发生明显突变,轴向应变在接近蠕变破坏应力时才会发生明显突变现象,对于损伤程度较大的岩样,在低应力时侧向、环向应变就会发生明显的突变,轴向应变也未发生明显突变,随着应力水平的提高,轴向应变也会发生明显突变,整体上损伤程度越高,应变突变越明显,出现应变突变的应力水平越低。

3.7.2 瞬时弹性模量与应力水平的关系

岩石分级蠕变过程中每级荷载加载时均会有一瞬时弹性模量且均不相同,图 3-20 为各瞬时弹性模量(E_i)与所加应力水平(σ_c)的关系。

由图 3-12 与图 3-20 可知:室内试验损伤岩样的试验结果与数值模拟结果基本一致,随着应力水平的提高,各损伤岩样瞬时弹性模量会随着增大,岩样损伤程度越高,各级应力水平下瞬时弹性模量越小,相同应力水平下损伤程度最低的岩样 U01 的弹性模量比损伤程度

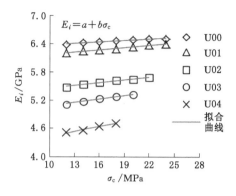

图 3-20 瞬时加载弹性模量与应力水平的关系

最大的岩样 U04 的弹性模量大了约 25%,岩样瞬时弹性模量的增大表明岩样抵抗变形的能力下降。各损伤岩样瞬时弹性模量与其所加应力水平之间基本呈现线性函数关系,具体拟合结果如图 3-20 所示。整体上,瞬时弹性模量增长速率都呈现减小趋势,损伤程度越大这种减小的趋势就会越明显。

3.7.3 破裂砂岩瞬时应变与应力水平的关系

不同损伤程度的岩样在进行蠕变试验时,各个瞬时应变会不同,瞬时应变与所加应力水平之间会存在一定的线性关系,可根据瞬时应变量来判定试样损伤程度,图 3-21 为轴向应

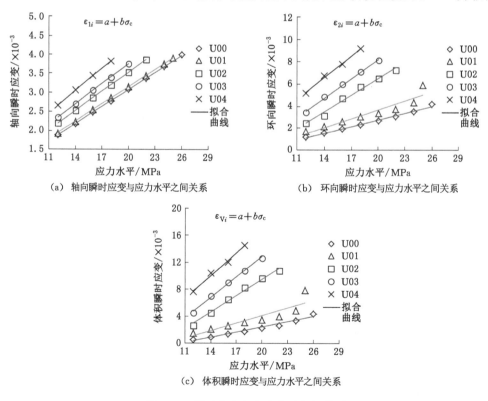

(a) 轴向瞬时应变与应力水平之间关系

(b) 环向瞬时应变与应力水平之间关系

(c) 体积瞬时应变与应力水平之间关系

图 3-21 瞬时应变与应力水平之间关系

变、环向应变、体积瞬时应变（ε_{1i}、ε_{2i}、ε_{Vi}）与所加应力水平的关系。

由图 3-21 与图 3-12 可知：瞬时应变室内试验结果与数值模拟结果都是随着应力增大而增大，其变化规律基本一致，各级应力水平下，损伤岩样轴向瞬时应变、侧向瞬时应变都是随着应力水平的提高逐渐增大。体积瞬时应变在岩样压缩阶段随着应力水平的提高逐渐变小，即应力水平越高岩样压缩程度越高，在岩样扩容阶段逐渐增加，即应力水平越高岩样的扩容程度越高。随着损伤程度的不断提高，岩样应变变化规律不尽相同，岩样损伤程度较低时，轴向应变不会出现突增现象，而损伤程度较高的岩样，低应力时，岩样变形就会出现突增现象。进一步分析可知：岩样轴向瞬时应变与应力水平之间符合线性关系，具体函数表达式见图 3-21，并且岩样损伤程度越高，回归曲线的斜率越大，表明岩样损伤程度越高，其轴向瞬时变形对应力水平的提高越敏感。岩样侧向瞬时变形与岩样损伤程度和应力水平存在相同的函数关系。岩样体积瞬时应变与应力水平的关系与环向瞬时应变类似，峰后岩样蠕变试验时岩样一样处于一种扩容状态，低应力时岩样损伤程度越高，扩容现象越明显，具体函数表达式见图 3-21，最终岩样体积应变基本趋于一致。

3.7.4　破裂砂岩蠕变与应力水平的关系

图 3-22 为不同损伤岩样在分级应力条件下蠕变与所施加应力水平之间的关系，随着所加应力的增大，相同时间内蠕变会有所不同，不同损伤程度岩样在相同应力、相同时间内，轴向、环向、体积蠕变（ε_{1c}、ε_{2c}、ε_{Vc}）都会有所改变，如图 3-22 所示。

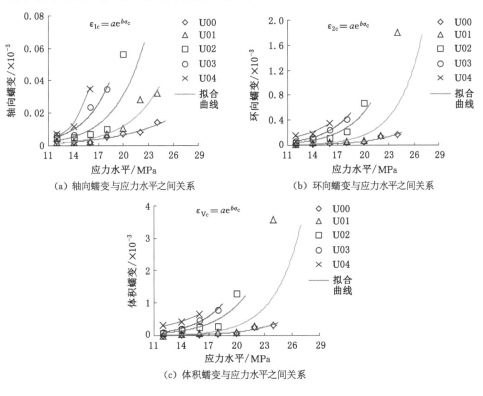

（a）轴向蠕变与应力水平之间关系　　（b）环向蠕变与应力水平之间关系

（c）体积蠕变与应力水平之间关系

图 3-22　蠕变与应力水平的关系

由图 3-22 可知:室内试验结果与数值模拟结果基本一致,随着应力水平的提高,损伤岩样轴向蠕变自第二级荷载到破坏前一级荷载均是不断增加的,第一级荷载虽然最低,但是蠕变却不是最小的,原因可能为:第一级荷载为初始时间荷载,施加后致使岩样原有结构产生明显改变;而侧向蠕变、体积蠕变随着应力水平提高的变化趋势因岩样损伤程度不同而不同,对于损伤程度最高的岩样 U04 来说,其变化规律同轴向蠕变变化规律,自第二级荷载到破坏前一级荷载逐渐增加,其他 3 个损伤岩样均是自第一级荷载到破坏前一级荷载单调增加,原因可能为:由于岩样 U04 损伤程度最高,其承载结构相对来说不稳定,致使其变形对荷载的施加显得更敏感。破坏前一级荷载下的轴向蠕变、侧向蠕变、体积蠕变均占总蠕变的大多数,通过计算可知损伤岩样 U00、U01、U02、U03、U04 破坏前一级荷载下其轴向蠕变分别占轴向总蠕变的 34.04%、37.64%、67.42%、48.06%、64.43%,侧向蠕变分别占侧向总蠕变的 39.62%、82.26%、58.46%、48.13%、50.69%,体积蠕变分别占体积总蠕变的 39.91%、83.19%、60.47%、50%、47.57%。进一步分析可知轴向蠕变、侧向蠕变、体积蠕变与应力水平之间均呈指数函数关系,函数表达式见图 3-22。

3.7.5　各损伤因子与蠕变参数之间的关系

岩石经历峰值后卸载,其承载结构势必发生不可恢复的扭曲变形,致使其力学响应发生改变,因此研究岩石峰后非承载结构的力学响应变化规律具有重要的现实意义。本部分内容通过对不同损伤程度的各损伤岩样相同应力水平下单轴蠕变参数(轴向瞬时应变、轴向蠕变、侧向瞬时应变、侧向蠕变、体积瞬时应变、体积蠕变)随各损伤因子(弹性模量损伤率、体积膨胀比)变化的规律进行研究,定量研究了岩石峰后损伤程度对其单轴蠕变特性的影响规律,为深井巷道破裂围岩大变形控制技术提供理论指导。

(1) 各瞬时应变与损伤因子关系分析

瞬时应变量与损伤因子之间关系如图 3-23 所示。由图 3-23 可知:轴向、侧向、体积瞬时应变量总体上均随着各损伤因子的增大逐渐增大,表明随着卸载点的后移,岩样损伤程度提高,岩石抵抗长期荷载的能力逐渐降低;侧向、体积瞬时应变同弹性模量损伤率、体积膨胀比均呈带常数项的指数函数关系,函数表达式见式(3-12),轴向瞬时应变与弹性模量损伤率、体积膨胀比均呈线性函数关系,函数表达式见式(3-13),回归结果如图 3-23 所示。

$$\varepsilon_{瞬} = a \cdot e^{bD} \tag{3-12}$$

$$\varepsilon_{瞬} = a \cdot D + b \tag{3-13}$$

式中　$\varepsilon_{瞬}$——损伤岩样的轴向、侧向、体积瞬时应变;

a,b——函数的回归系数;

D——损伤岩样的损伤因子(D 为弹性模量损伤率,D_v 为体积膨胀比)。

由图 3-23 可知:相同应力水平下,轴向应变与各损伤因子之间呈线性关系,而环向应变、体积应变与各损伤因子之间呈指数关系,随着损伤程度提高,轴向瞬时应变增量基本保持不变,而环向、体积瞬时应变增量随着应力水平提高而逐渐增加,环向、体积应变对应力变化较为敏感。

(2) 各蠕变与损伤因子关系分析

蠕变与损伤因子之间关系部分拟合曲线如图 3-24 所示。由图 3-24 可知:轴向、侧向、体积蠕变总体上均随着各损伤因子的增大逐渐增大,其中体积蠕变增大较快,变化尤为

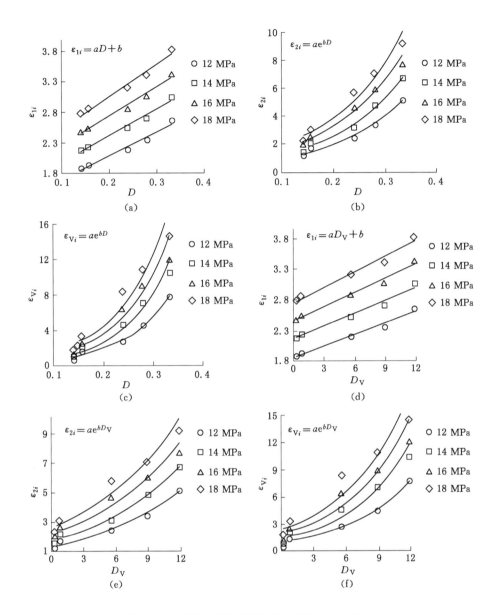

图 3-23　各瞬时应变与不同损伤因子的关系曲线

剧烈。

轴向蠕变、侧向蠕变、体积蠕变与各损伤因子(弹性模量损伤率、体积膨胀比)均符合带常数项的指数函数关系,函数表达式见式(3-14),回归结果如图 3-24 所示。

$$\varepsilon_{蠕} = a \cdot e^{bD} \tag{3-14}$$

式中　$\varepsilon_{蠕}$——损伤岩样的轴向蠕变、侧向蠕变、体积蠕变;

　　　a,b——函数的回归系数;

　　　D——损伤岩样的损伤因子(D 为弹性模量损伤率,D_V 为体积膨胀比)。

由图 3-24 可知:蠕变与各损伤因子之间符合指数函数增长趋势,低应力水平时,蠕变随着损伤程度的提高变化较为缓慢,趋于线性增长。随着应力水平的提高,蠕变变化较大,岩

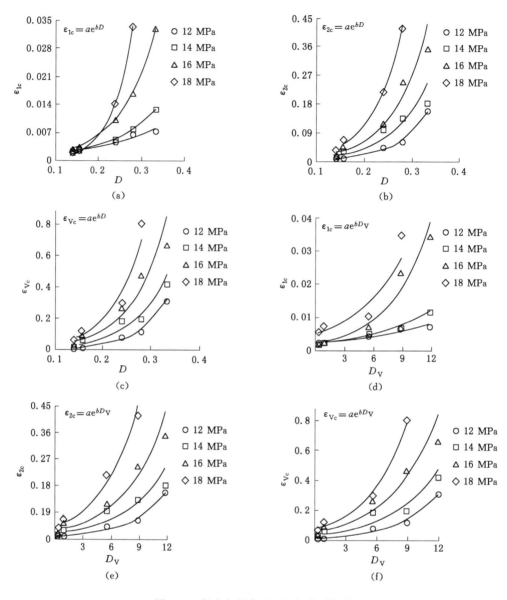

图 3-24　蠕变与损伤因子之间关系曲线

样损伤程度较低时,蠕变增量较低,随着损伤程度的提高,蠕变增量较大。

3.7.6　蠕变过程中裂纹扩展规律

　　岩石的变形破坏与其内部微裂纹的萌生、扩展及贯通关系密切,岩石的裂纹特征决定了其原始损伤状态,而且也影响荷载作用下岩石原始损伤演化发展方向及其扩展分布范围,因此研究应力作用下岩石内部微裂纹扩展规律对于认识岩石的时效变形破坏具有重大意义。图 3-25 为各损伤岩样蠕变全过程裂纹增长曲线。表 3-9 为不同应力条件下裂纹数量。

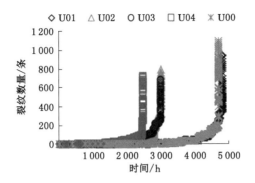

图 3-25　蠕变过程中裂纹数量增长

表 3-9　不同应力条件下裂纹数量　　　　　　　　单位:条

应力水平	12 MPa	14 MPa	16 MPa	18 MPa	20 MPa	22 MPa	24 MPa	25 MPa
U00	0	0	1	0	4	11	9	636
U01	0	1	0	1	4	10	17	465
U02	0	0	2	3	28	244	—	—
U03	0	1	5	8	222	—	—	—
U04	6	4	5	75	—	—	—	—

根据图 3-25 和表 3-9,裂纹在整个蠕变过程中不断增长,而大量裂纹的生成均出现在最后一级应力加载过程中,在最后一级荷载施加上之后,先是裂纹增长速率较快但也趋于稳定,加载一定时间后,裂纹生长速率不断增大直至大量裂纹迅速出现,也是宏观裂纹的形成过程,进入加速蠕变破坏前最后一级应力产生裂纹最多,其生成的裂纹数占裂纹总数的比例也会远远大于其他几级荷载所占比例,例如试样 U00、U01、U02、U03、U04 最后一级荷载产生裂纹数占总裂纹数的比例分别为 96.22%、93.37%、88.08%、94.07%、83.33%。对于损伤程度不同的破裂岩样,分级蠕变过程中各级应力下裂纹数量不同,产生连续裂纹的起始应力水平之间也会有较大的差异,根据岩样破裂损伤程度不同,连续裂纹的出现会发生在不同应力水平。对于各个破裂损伤岩样 U00、U01、U02、U03、U04,其各自连续性裂纹出现的起始应力分别为 20 MPa、18 MPa、16 MPa、14 MPa、12 MPa,由此可知:岩样破裂损伤程度越高,连续裂纹出现越快,对应的起始应力水平也就越低,破裂损伤程度越高,岩样在不同应力水平作用下裂纹的生长发育以及新生微裂纹的产生速率会不同。整体而言,损伤程度越高,在相同应力下裂纹增长数越多。损伤程度越高的岩样,其黏结断裂数越多,在进入加速蠕变破坏之前,产生的裂纹数相对较少。试样 U00 整个蠕变过程中产生的裂纹数为 661 条,试样 U04 整个蠕变过程中产生的裂纹数为 90 条。

3.7.7　蠕变模型拟合

根据所得数值模拟结果分析,各级应力时轴向先出现瞬时应变,随之减速蠕变阶段轴向变形以指数函数的形式减小,稳定蠕变阶段蠕变速率相当小,在较低应力下最终趋于稳定。根据上述分析,拟采用上文中所用的改进之后的西原模型来近似描述数值模拟蠕变特性。西原模型拟合曲线如图 3-26 所示。

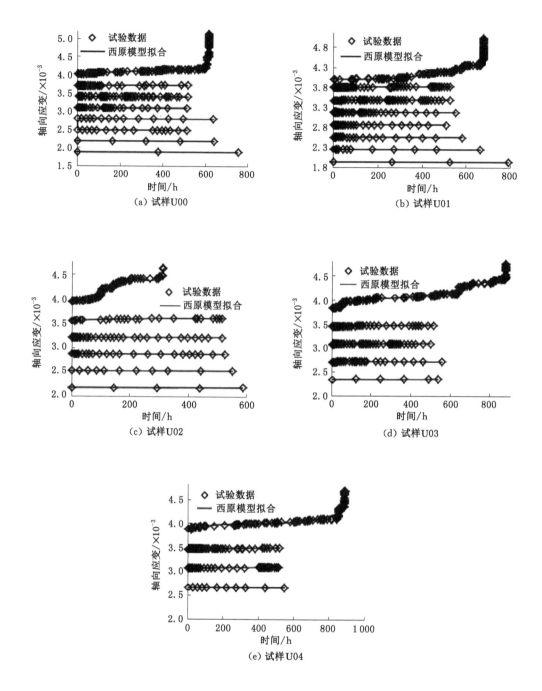

图 3-26 改进西原模型拟合结果

相关蠕变方程与上文中室内单轴蠕变试验拟合相同。

（1）当 $\sigma < \sigma_s$ 时，蠕变曲线上仅会出现一个减速蠕变阶段，随后变形将趋于稳定。

（2）当 $\sigma \geqslant \sigma_s$ 时，会有完整的蠕变全过程，即减速蠕变、稳定蠕变、加速蠕变。当蠕变曲线出现加速蠕变时，岩样结构极不稳定，大量微裂纹产生，裂纹数量急剧增加，岩样朝着破坏方向发展。

采用数值拟合方法求解各个损伤岩样蠕变全过程中的各蠕变参数。经过大量的计算以及相关参数之间的拟合，可以得到不同荷载水平时通过改进西原模拟各个蠕变参数的具体值，见表3-10。改进的西原模型拟合结果相关性较高，各级荷载作用下蠕变曲线均可以采用改进的西原模型进行相应拟合，数值模拟结果与室内试验结果极其接近。

表 3-10 西原模型中各参数计算结果

岩样编号	σ /MPa	E_0 /GPa	E_1 /GPa	ξ_1 /(GPa·h)	ξ_2 /(GPa·h)	A	B	C
U00	12	6.386	43 321.299	141 434.21				
	14	6.415	6 306.306	16 337.580				
	16	6.436	7 582.938	11 284.133				
	18	6.454	3 266.787	17 658.308				
	20	6.462	3 424.657	1 831.453				
	22	6.673	3 142.857	2 749.656				
	24	6.579	560.158	1 477.989				
	26	6.422	742.857	728.375	342.749	0.009 7	0.008 2	0.005 7
U01	12	6.215	10 434.782	73 021.567				
	14	6.249	5 447.471	71 218.080				
	16	6.279	4 833.836	22 255.230				
	18	6.288	3 130.434	18 776.595				
	20	6.302	2 649.006	25 743.499				
	22	6.326	177.835	37 048.958				
	24	6.313	860.421	11 891.396				
U02	12	5.303	2 436.845	2 354.928	643.852	0.009 3	0.006 1	0.004 2
	14	5.527	2 310.231	3 359.677				
	16	5.561	2 312.138	6 985.311				
	18	5.599	1 772.302	2 501.965				
	20	5.622	340.947	602.379				
	22	5.544	874.403	320.985	167.548	0.008 1	0.005 6	0.003 7
U03	12	5.123	1 068.566	3 018.548				
	14	5.174	2 477.876	4 392.618				
	16	5.204	847.458	1 476.407				
	18	5.220	594.452	1 388.906				
	20	5.246	72.317	682.224	143.276	0.006 7	0.004 3	0.002 4
U04	12	4.673	1 082.055	5 520.688				
	14	4.553	512.820	2 905.495				
	16	4.614	596.347	1 015.923				
	18	4.637	1 782.178	11 481.189	467.239	0.003 4	0.002 1	0.001 3

4　裂隙砂岩三轴蠕变力学特性

　　室内试验采用细砂岩制备破裂损伤程度基本一致的岩样,在不同围压下进行三轴蠕变试验,分析围压对损伤破裂岩样蠕变特性的影响,可以得出较好的结果,然而对于不同损伤程度的岩样三轴蠕变特性的研究,室内试验却无法制备如此多的力学特性基本一致的岩样,故而采用数值模拟手段制备不同损伤程度的岩样,进行三轴蠕变模拟分析。

4.1　试验设备及岩样介绍

4.1.1　试验设备

　　破裂损伤岩样单、三轴试验在河南理工大学 RMT-150B 型岩石试验机上进行。而损伤破裂岩样三轴蠕变试验与常规三轴压缩试验在河南城建学院的 TAW-2000 型微机伺服岩石三轴流变仪(图 4-1)上进行。试验机主要参数:变形测量范围轴向为 0～8 mm,径向为 0～4 mm,在测量精度示值的 0.1% 以内,轴压≤2 000 kN,围压≤100 MPa;试件尺寸为 ϕ50 mm×100 mm、ϕ75 mm×150 mm。其特点是能较好地进行岩石高压三轴蠕变试验。

图 4-1　TAW-2000 型微机伺服岩石三轴流变仪

4.1.2　岩样介绍

　　由于单轴蠕变所取岩样较少,且三轴蠕变试验与单轴蠕变试验时间间隔较大,三轴蠕变岩样为顶板岩石,岩样为细粒砂岩,表面无明显裂隙,按照国际标准加工成直径为 50 mm、高度为 100 mm 的标准件。为避免岩样内部结构的不均质性对试验结果的影响,同样进行声波测试,然后选取声波测试相近的一组岩样制备损伤岩样,岩样详细信息见表 4-1,部分试样照片如图 4-2 所示。

表 4-1 岩样介绍

试件编号	试件尺寸		波速/(m/s)	试验方案
	直径/mm	高/mm		
B-9	47.00	98.75	2 821	0.8 MPa 常规三轴试验
B-15	49.80	100.55	2 793	1.6 MPa 常规三轴试验
B-10	48.70	99.65	2 693	2.4 MPa 常规三轴试验
B-11	49.70	99.30	2 797	3.2 MPa 常规三轴试验
B-6	50.00	100.60	2 915	0.8 MPa 三轴峰后蠕变试验
B-14	49.70	99.40	2 923	1.6 MPa 三轴峰后蠕变试验
B-5	49.80	99.80	2 851	2.4 MPa 三轴峰后蠕变试验
B-3	49.70	99.20	2 961	3.2 MPa 三轴峰后蠕变试验

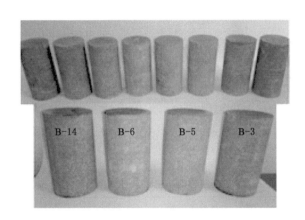

图 4-2 部分试验岩样与制备的损伤岩样

破裂损伤岩样的制备与粗砂岩步骤相同,此处不再赘述,制备出具有相同破裂损伤程度的峰后损伤破裂岩样,所选卸载点以峰后岩样损伤程度相同为准(岩样损伤程度基本一致,即卸载点强度与峰值强度之比基本相同),近似可以看作制备相同损伤程度的岩样,然后采用 TAW-2000 型流变仪进行三轴蠕变试验。

4.2 岩样特性分析

单轴压缩峰后损伤岩样完全卸载的应力-应变关系曲线如图 4-3 所示,不同围压下三轴压缩全应力-应变关系曲线如图 4-3 所示,表 4-2 为岩样力学性能参数。

由图 4-3 和表 4-2 可知:剔除离散的 B-6 环向应变(可能是环向应变测量时千分表装载问题),所取岩样均质性较好,制备的峰后损伤岩样单轴压缩应力基本一致,强度最大值为 54.912 MPa,最小值为 51.454 MPa,弹性模量略有差异,平均值为 9.029 GPa,标准差为 0.634 GPa,屈服应力大小基本相同,卸载点处强度也基本一致,卸载点强度与峰值强度之

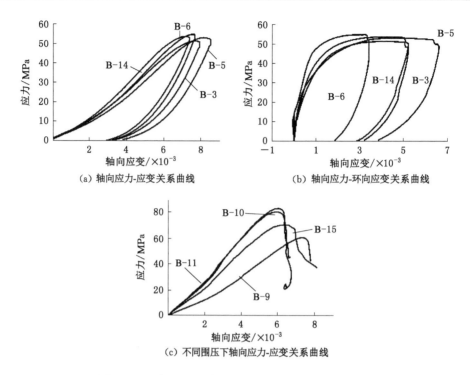

（a）轴向应力-应变关系曲线

（b）轴向应力-环向应变关系曲线

（c）不同围压下轴向应力-应变关系曲线

图 4-3　不同围压下三轴压缩岩样全应力-应变关系曲线

比几乎相当,约为 93%,由此可以近似认为制备的损伤岩样的损伤程度基本一致。三轴压缩时,随着围压增大,峰值强度逐渐增大,且基本呈线性关系(图 4-4),所取岩样强度离散性较低,制备的损伤岩样的损伤程度较接近,可以满足研究需求。

表 4-2　岩样峰后破裂与三轴压缩试验力学性能参数

岩样编号	屈服应力/MPa	峰值应力/MPa	弹性模量/GPa	卸载点 应力/MPa	卸载点 峰值比/%	屈服点应变/×10⁻³ 轴向	屈服点应变/×10⁻³ 横向	屈服点应变/×10⁻³ 体积	峰值点应变/×10⁻³ 轴向	峰值点应变/×10⁻³ 横向	峰值点应变/×10⁻³ 体积	卸载点应变/×10⁻³ 轴向	卸载点应变/×10⁻³ 横向	卸载点应变/×10⁻³ 体积	残余应变/×10⁻³ 轴向	残余应变/×10⁻³ 横向	残余应变/×10⁻³ 体积
B-9	53.67	60.75	10.44	—	—	6.25	1.80	−2.64	7.26	3.25	−0.74	—	—	—	—	—	—
B-15	65.61	70.56	11.91	—	—	5.36	1.46	−2.44	6.17	2.85	−0.46	—	—	—	—	—	—
B-10	73.08	80.51	15.44	—	—	4.91	1.74	−1.43	5.91	3.95	1.99	—	—	—	—	—	—
B-11	77.01	83.13	15.54	—	—	5.15	1.66	−1.88	6.00	3.34	0.67	—	—	—	—	—	—
B-6	49.32	54.91	9.53	51.74	94.23	6.50	1.17	−4.17	7.58	2.99	−1.59	7.65	3.40	−0.84	3.24	1.88	0.45
B-14	48.97	53.69	9.62	50.45	93.97	6.12	1.85	−2.41	7.17	4.15	1.13	7.37	5.18	2.99	2.94	2.84	2.74
B-5	48.98	53.14	8.66	49.46	93.06	7.15	2.50	−2.13	8.16	4.63	1.10	8.52	6.58	4.63	3.80	3.83	3.86
B-3	48.08	51.45	8.29	48.26	93.80	6.76	2.22	−2.31	7.72	4.19	0.65	7.94	5.19	2.44	3.42	3.20	2.98

注:体积应变压缩为"−",扩容为"+"。

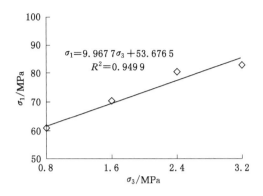

图 4-4 围压与峰值强度的关系曲线

岩样的整体变形具有以下特征：

（1）单轴压缩轴向应力-应变关系曲线可以分为压密阶段、弹性阶段、塑性屈服阶段，三轴压缩时压密阶段相对于单轴不太明显，但是三轴压缩时存在明显的弹性阶段、塑性屈服阶段，所取岩样属于脆性岩石，峰后应变软化阶段不明显，单轴峰后卸载制备损伤岩样时，所选取的卸载点与峰值强度之比较高，均在 93% 左右，可近似认为所制备的损伤岩样的损伤程度基本一致。

（2）各岩样变形破坏过程中的变形特性存在较好的一致性。单轴峰值强度平均值为 53.301 MPa，标准差为 0.361 MPa；剔除离散的 B-6 的横向应变，屈服点轴向应变平均值为 6.636×10^{-3}，横向应变平均值为 2.196×10^{-3}，体积应变平均值为 -2.287×10^{-3}。经分析，各岩样峰值点应变基本一致，所选岩样均质性比较好，满足本书研究内容需要。

（3）对于三轴压缩试验与单轴压缩试验，岩样体积应变发生改变的位置（压缩转膨胀）都会出现在非线弹性阶段，都离峰值点位置较近。对于三轴压缩试样来说，围压越大，反向点离屈服点越接近，体积应变由"－"变为"＋"（开始膨胀），转化点均处于屈服应力与峰值应力之间，且几乎处于二者中间区域。

（4）各峰后卸载损伤岩样均存在明显的残余变形，剔除离散样（B-6）可以看出其余岩样各个残余应变基本一致，轴向残余应变平均值为 3.335×10^{-3}，标准差为 0.309×10^{-3}，横向残余应变平均值为 3.295×10^{-3}，标准差为 0.407×10^{-3}，体积残余应变平均值为 3.198×10^{-3}，标准差为 0.479×10^{-3}。由此可以看出所制备损伤岩样均质性较好，损伤程度基本一致。

图 4-5 围压加载系统与数据采集仪

4.3　三轴蠕变试验加载应力水平的确定

表 4-3 为破裂岩样三轴蠕变试验加载应力水平,本书为探究围压对蠕变特性的影响,在低围压时选取卸载点强度相对较高且损伤程度相对较低的岩样,所得结果更具有对比性。

表 4-3　破裂岩样三轴蠕变分级及应力水平

蠕变分级	B-6-0.8 MPa		B-14-1.6 MPa		B-5-2.4 MPa		B-3-3.2 MPa	
	应力水平/MPa	应力水平与峰值强度比值/%	应力水平/MPa	应力水平与峰值强度比值/%	应力水平/MPa	应力水平与峰值强度比值/%	应力水平/MPa	应力水平与峰值强度比值/%
第1级	35	67.6	35	69.4	35	70.7	35	72.5
第2级	37	71.5	37	73.3	37	74.8	37	76.7
第3级	39	75.4	39	77.3	39	78.9	39	80.8
第4级	41	79.2	41	81.3	41	82.9	41	84.9
第5级	43	83.1	43	85.2	43	86.9	43	89.1
第6级	45	86.9	45	89.2	45	90.9	45	93.2
第7级	47	90.8	47	93.2	47	95.0	47	97.4
第8级	49	94.7	49	97.1	49	99.1	49	101.5
第9级	51	98.6	51	101.1	51	103.1	51	105.7
第10级	53	102.4	53	105.0	53	107.1	53	109.8
第11级	—	—	54	107.0	55	111.2	55	113.9
第12级	—	—	—	—	57	115.2	57	116.8
第13级	—	—	—	—	—	—	59	122.2
第14级	—	—	—	—	—	—	61	126.4

各级荷载加载的时间都是根据具体试验确定的,主要根据试样的轴向蠕变速率确定。B-6 每级荷载基本加载时间为 20 h 左右,B-14 与 B-5 加载时间为 12 h 左右,B-3 低应力水平时蠕变稳定较快,加载时间为 12 h 左右,较高应力水平时加载时间都为 24 h 左右。当所加荷载蠕变在 3 h 之内速率低于 0.001 mm/h 时,可以看作该级荷载下岩样变形已经达到稳定状态,遂施加下一级应力水平。试验过程中采样频率为:刚开始加载时由于变形较快,间隔为 5 s;当岩样变形基本趋于稳定时,采样间隔为 30 min,但是当岩样进入加速蠕变后每10 s 采集一次。由此可得到蠕变完整的曲线。

4.4　峰后裂隙砂岩三轴蠕变试验结果分析

4.4.1　峰后裂隙砂岩三轴蠕变全过程分析

0.8 MPa 围压下 B-6 共施加了 10 级荷载,总计 195.168 3 h 的三轴蠕变试验;1.6 MPa

围压下 B-14 共施加了 11 级荷载,总计 114.811 1 h 三轴蠕变试验;2.4 MPa 围压下 B-5 共施加了 12 级荷载,总计 131.604 2 h 的三轴蠕变试验;3.2 MPa 围压下 B-3 共施加了 14 级荷载,总计 274.553 9 h 三轴蠕变试验。较完整地获得了峰后损伤岩样三轴蠕变各个阶段的曲线,各损伤岩样最终均进入加速蠕变阶段,如图 4-6 所示。

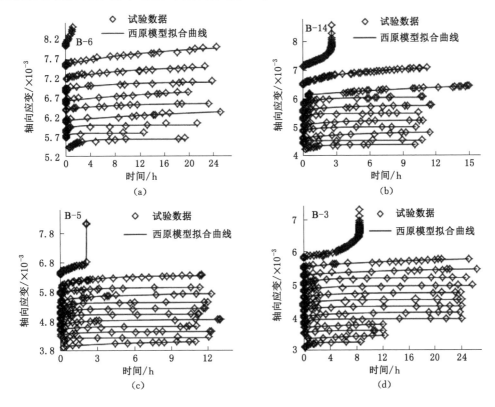

图 4-6　损伤岩样三轴蠕变曲线

由图 4-6 和表 4-4 可知:较低应力水平时,损伤岩样只存在减速蠕变阶段和稳定蠕变阶段。随着应力增大,破裂岩样会出现减速蠕变阶段、稳定蠕变阶段与加速蠕变阶段;各峰后破裂损伤岩样蠕变破坏应力随着围压增大而增大。

表 4-4　各损伤岩样三轴蠕变参数

应力水平	B-6-0.8 MPa					B-14-1.6 MPa				
	$\varepsilon_i/\times 10^{-3}$	$\varepsilon_c/\times 10^{-3}$	E_i/GPa	T_s/h	T/h	$\varepsilon_i/\times 10^{-3}$	$\varepsilon_c/\times 10^{-3}$	E_i/GPa	T_s/h	T/h
1	5.438	0.242	6.436	9.561	19.343	4.204	0.181	8.349	4.287	10.104
2	5.760	0.060	6.423	5.485	12.588	4.486	0.060	8.257	7.694	10.727
3	5.911	0.161	6.597	14.197	21.38	4.657	0.151	8.374	7.201	11.463
4	6.173	0.171	6.642	14.414	25.176	4.879	0.121	8.403	5.369	10.141
5	6.435	0.141	6.682	11.545	23.191	5.101	0.131	8.430	4.316	10.788
6	6.687	0.191	6.729	6.578	19.964	5.333	0.171	8.439	3.392	10.396
7	6.949	0.211	6.764	9.646	23.791	5.565	0.192	8.446	2.367	11.587

表 4-4(续)

应力水平	B-6-0.8 MPa					B-14-1.6 MPa				
	$\varepsilon_i/\times10^{-3}$	$\varepsilon_c/\times10^{-3}$	E_i/GPa	T_s/h	T/h	$\varepsilon_i/\times10^{-3}$	$\varepsilon_c/\times10^{-3}$	E_i/GPa	T_s/h	T/h
8	7.241	0.292	6.767	5.676	22.659	5.796	0.262	8.451	2.882	10.797
9	7.623	0.403	6.708	2.185	24.511	6.119	0.313	8.335	1.275	14.979
10	8.137	破坏	6.513	0	1.111	6.532	0.565	8.118	0	11.214
11	—	—	—	—	—	7.157	破坏	7.545	0	2.615

应力水平	B-5-2.4 MPa					B-3-3.2 MPa				
	$\varepsilon_i/\times10^{-3}$	$\varepsilon_c/\times10^{-3}$	E_i/GPa	T_s/h	T/h	$\varepsilon_i/\times10^{-3}$	$\varepsilon_c/\times10^{-3}$	E_i/GPa	T_s/h	T/h
1	3.937	1.171	8.889	6.500	10.95	3.077	0.172	11.375	4.552	8.584
2	4.209	0.070	8.789	9.067	12.067	3.350	0.070	10.978	9.289	12.187
3	4.381	0.091	8.903	8.177	12.297	3.522	0.080	11.072	8.205	11.988
4	4.532	0.111	9.007	5.911	11.052	3.694	0.091	11.098	6.919	12.016
5	4.733	0.131	9.084	10.091	13.026	3.866	0.101	11.121	16.539	24.037
6	4.914	0.141	9.157	4.996	11.237	4.059	0.121	11.143	17.486	23.724
7	5.096	0.152	9.224	4.085	11.769	4.211	0.142	11.163	16.573	24.073
8	5.297	0.160	9.250	3.876	11.998	4.403	0.152	11.129	12.051	23.834
9	5.509	0.211	9.225	2.367	12.298	4.626	0.142	11.026	10.324	23.845
10	6.780	0.191	9.184	1.34	11.348	4.838	0.152	10.954	9,821	23.534
11	6.042	0.352	9.102	0.945	11.485	5.071	0.161	10.846	7.463	24.656
12	6.475	破坏	8.803	0	2.134	5.314	0.172	10.727	4.326	26.334
13	—	—	—	—	—	5.597	0.202	10.579	2.764	25.084
14	—	—	—	—	—	5.891	破坏	10.354	0	8.471

注:ε_i为瞬时应变;ε_c为蠕变;E_i为瞬时变形模量;T_s为稳定蠕变时间;T为总时间。

随着围压的增大,不同损伤岩样破坏时的应力水平越高,围压的增大致使岩样承载力增大,岩样蠕变破坏时荷载越大。0.8 MPa 围压下 B-6 破坏应力为 53 MPa,1.6 MPa 围压下 B-14 破坏应力为 54 MPa,2.4 MPa 围压下 B-5 破坏应力为 57 MPa,3.2 MPa 围压下 B-3 破坏应力为 61 MPa。随着应力水平的提高,岩样瞬时应变、蠕变整体上都呈现不断增加的趋势,加载相同时间时,岩样稳定蠕变阶段时间整体上呈现不断减小的趋势,例如 B-6 在 39 MPa 围压下稳定蠕变时间为 14.197 h,51 MPa 围压下稳定蠕变时间仅为 2.185 h;岩样瞬时弹性模量随着应力水平提高不断增大,但是当应力达到某一值时,弹性模量会出现减小趋势,笔者认为这是由于岩样为峰后损伤岩样,峰值点为岩样力学特性的突变点,过峰值点后岩样内部结构发生改变,出现扩容现象,卸载之后岩样自身承载结构发生改变,当进行蠕变试验时,应力达到某一值时,岩样进入屈服阶段,当增加相同荷载时应变变化较大,因而瞬时弹性模量降低。

4.4.2 围压对裂隙砂岩瞬时加载平均模量的影响

岩石弹性模量是岩土工程设计中不可或缺的性能指标,决定了岩石刚度,同时也是一种衡量岩石变形能力的重要参数[26]。不同围压下岩石瞬时加载平均模量不同,弹性模量也是衡量损伤岩样峰后蠕变特性的一个重要参数。定义三轴蠕变时瞬时加载平均模量为 $E_c = \sigma_1/\varepsilon_i$,不同围压下岩样蠕变的瞬时加载平均模量与围压的关系如图4-7所示,不同应力水平下瞬时加载。平均模量与应力水平的关系如图4-8所示。

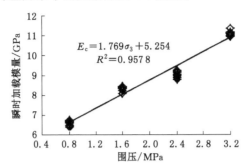

图 4-7　瞬时加载模量与围压的关系曲线

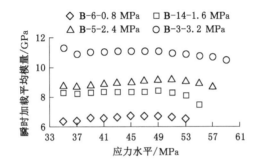

图 4-8　不同应力水平下瞬时加载平均模量的变化

完整岩石分级单轴蠕变过程中,瞬时加载平均模量与应力水平之间的关系已有学者研究[25],随着应力水平提高,瞬时加载模量逐渐增大,且二者之间基本呈线性关系,本书重点分析围压对瞬时加载模量的影响。由图4-7、图4-8与表4-4可知:相同应力水平下,围压越大,岩样瞬时加载模量越大。所加轴向应力为 37 MPa 时,B-3 瞬时加载模量为 10.978 GPa,B-6 仅为 6.423 GPa,B-3 约为 B-6 的 1.71 倍,随着应力水平提高。当所加轴向应力为 47 MPa 时,B-3 的瞬时加载模量约为 B-6 的 1.65 倍。出现明显的降幅,这是因为围压越低,较高应力水平时岩样离加速破坏应力越近,因而围压越低,瞬时加载模量的增长速率较大。瞬时加载平均模量与所施加围压之间基本呈线性关系,且基本可用同一公式近似拟合,见式(4-1)。

$$E_c = A\sigma_3 + B \tag{4-1}$$

式中　E_c——瞬时加载平均模量;

σ_3——围压;

A,B——材料常数。

损伤岩样蠕变过程中随着应力水平的提高瞬时加载模量首级荷载时值相对较大,可能原因是初始加载对岩样结构影响较大,瞬时加载模量出现一定波动。然后瞬时加载模量呈现缓慢增大的趋势,当应力水平达到某一临界值时,岩样结构劣化程度严重,瞬时加载模量出现减小趋势,且围压越高减小过程相对越平缓。瞬时加载模量减小点的应力水平:B-6 为 49 MPa,B-14 为 49 MPa,B-5 为 49 MPa,B-3 为 47 MPa。由此可知:卸载点强度越低,损伤程度相对较大时,瞬时加载模量出现减小点越低。围压相对较高时,瞬时加载模量减小时,减小速率相对较低,围压越低,减小速率相对越大。

4.4.3 围压对裂隙砂岩瞬时应变的影响

随着围压的增大,岩石抵抗变形的能力增强,应力水平提高时,瞬时应变会逐渐增加,随着围压的增大,相同荷载条件下的轴向瞬时应变逐渐减小。图 4-9 为轴向瞬时应变与围压的关系曲线。

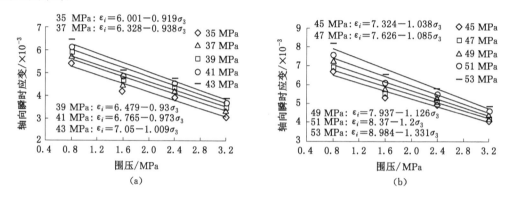

图 4-9　轴向瞬时应变与围压的关系曲线

由图 4-9 和表 4-4 可知:随着轴向应力的增大,轴向瞬时应变会随之增大,已有相关研究表明二者之间基本呈线性关系[27],本书所得结论与之基本一致。相同应力水平下,围压越高,轴向瞬时应变越低,B-6 在 35 MPa 应力水平时轴向瞬时应变为 5.438×10^{-3},B-3 在 35 MPa 应力水平时为 3.077×10^{-3},B-6 为 B-3 的 1.78 倍,随着应力水平的不断提高,B-6 在蠕变破坏时轴向瞬时应变为 8.137×10^{-3},而 B-3 仅为 4.838×10^{-3},围压越大,轴向应变增大速率相对越低;在进入加速蠕变破坏阶段时,各损伤岩样轴向瞬时应变为:B-6 为 8.137×10^{-3},B-14 为 7.157×10^{-3},B-5 为 6.475×10^{-3},B-3 为 4.838×10^{-3}。随着围压的不断增大,损伤岩样轴向变形能力随之减弱,各级应力水平下围压与瞬时应变之间基本呈线性关系,具体的关系式如图 4-9 所示,均可用式(4-2)近似表示。

$$\varepsilon_i = C - D\sigma_3 \tag{4-2}$$

式中　ε_i——轴向瞬时应变;

　　　σ_3——侧向围压;

　　　C,D——相应的拟合常数。

由图 4-9 可知:随着应力水平的提高,线性拟合所得参数 C、D 呈现逐渐增大趋势,表明随着应力水平的提高,围压对岩样变形的抑制作用更明显,变形对围压的依赖性增强。

4.4.4 围压对裂隙砂岩蠕变的影响

由表 4-4 可知:制备的损伤岩样蠕变时间不尽相同,但是加载下一级荷载时均在蠕变速率基本稳定时,以保证各破裂损伤岩样均变形稳定。

表 4-5 为各损伤岩样在不同应力水平下蠕变、减速蠕变阶段蠕变、稳定蠕变阶段蠕变。由于各损伤岩样蠕变时间不尽相同,为了便于对结果进行分析,选择近似相同时间内(11 h 左右)各损伤岩样的蠕变,分析相同时间内蠕变与围压的关系,拟合结果如图 4-10 所示。

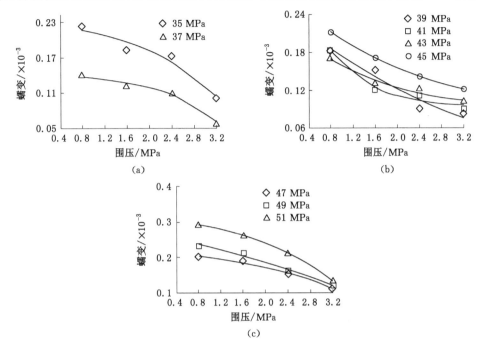

图 4-10 围压与蠕变的关系曲线

表 4-5 各损伤岩样蠕变参数   单位:%

应力水平	B-6-0.8 MPa			B-14-1.6 MPa			B-5-2.4 MPa			B-3-3.2 MPa		
	ε_d	ε_s	ε_c	ε_d	ε_s	ε_c	ε_d	ε_s	ε_c	ε_d	ε_s	ε_c
1	0.221 5	0.020 1	0.241 6	0.181 4	0.000 1	0.181 5	0.109 8	0.060 4	0.170 2	0.161 9	0.010 1	0.172 0
2	0.130 3	0.010 1	0.140 4	0.131 0	0.030 2	0.161 2	0.140 9	0.030 2	0.171 1	0.131 6	0.060 7	0.192 3
3	0.161 1	0.090 6	0.251 7	0.191 5	0.070 5	0.262 0	0.141 0	0.050 4	0.191 4	0.141 7	0.020 2	0.161 9
4	0.161 2	0.110 8	0.272 0	0.171 4	0.020 2	0.191 6	0.151 1	0.020 1	0.171 2	0.141 7	0.040 5	0.182 2
5	0.201 4	0.030 2	0.231 6	0.211 7	0.020 0	0.231 7	0.181 2	0.040 3	0.221 5	0.141 8	0.405 0	0.182 3
6	0.221 6	0.080 6	0.302 2	0.241 9	0.030 2	0.272 1	0.171 2	0.020 1	0.191 3	0.142 0	0.049 5	0.191 5
7	0.211 5	0.070 5	0.282 0	0.231 9	0.020 1	0.252 0	0.181 3	0.010 6	0.191 9	0.151 8	0.404 0	0.192 2
8	0.312 2	0.060 4	0.372 6	0.252 0	0.010 1	0.262 1	0.181 4	0.010 1	0.191 5	0.161 9	0.030 4	0.192 3
9	0.422 9	0.010 1	0.433 0	0.282 3	0.020 3	0.312 5	0.261 8	0.010 0	0.271 8	0.131 5	0.030 3	0.161 8
10	破坏	—	—	0.544 5	0.020 0	0.564 5	0.211 5	0.001 0	0.212 5	0.162 0	0.040 5	0.202 5
11	—	—	—	破坏	—	—	0.412 9	0.002 1	0.415 0	0.212 6	0.020 2	0.232 8
12	—	—	—	—	—	—	破坏	—	—	0.222 7	0.020 2	0.242 9
13	—	—	—	—	—	—	—	—	—	0.273 3	0.010 1	0.283 4
14	—	—	—	—	—	—	—	—	—	破坏	—	—

注:ε_d 为减速蠕变阶段蠕变;ε_s 为稳定蠕变阶段蠕变;ε_c 为总蠕变。

由表 4-4 和表 4-5 可知:整体上损伤岩样蠕变随着应力水平的提高而增加,破坏前一级荷载蠕变最大,且其占整个蠕变过程蠕变比例较大。B-6 破坏前一级荷载蠕变为 0.433×10^{-3},占总蠕变的 17.13%;B-14 破坏前一级荷载蠕变为 $0.564\,5 \times 10^{-3}$,占总蠕变的 20.9%;B-5 破坏前一级荷载蠕变为 0.415×10^{-3},占总蠕变的 17.3%;B-3 破坏前一级荷载蠕变为 0.283×10^{-3},占总蠕变的 16.5%。B-6 与 B-3 自应力水平 43 MPa 每级荷载加载时间基本相同,B-5 与 B-14 每级荷载加载时间基本一致。对比分析可知:整体上,围压越高,同一应力水平时蠕变相对较低。B-6 在 43 MPa 时蠕变为 $0.231\,6 \times 10^{-3}$。B-3 在 43 MPa 时蠕变仅为 $0.182\,3 \times 10^{-3}$。整体上,减速蠕变阶段蠕变占总应力阶段蠕变比例会随着应力增大而增大,围压越高,其所占比例相对较低。例如,43 MPa 时,B-6 减速蠕变阶段蠕变所占比例为 86.9%,B-3 减速蠕变阶段蠕变所占比例为 77.8%,43 MPa 时 B-14 减速蠕变阶段蠕变所占比例为 91.3%,B-5 减速蠕变阶段蠕变所占比例为 81.8%。

随着围压的增大,相同时间内蠕变呈现减小趋势,但整体上可以分为三种类型:① 在较低应力水平时(35～37 MPa),由于损伤岩样内部含有原生裂隙,当加载应力时岩样内部裂隙闭合,因而在低围压时岩样蠕变较大,随着围压增大,围压对岩样变形抑制作用明显,岩样蠕变减小,围压与相应蠕变之间关系可用带常数项的指数函数近似拟合,拟合曲线如图 4-10。② 在中等应力水平时(39～45 MPa),损伤岩样内部裂纹、裂隙已基本闭合,新生裂纹开始产生,岩样蠕变随着围压增大而减小,蠕变最终趋于相对稳定,围压与相应蠕变可用指数衰减函数近似拟合,拟合曲线如图 4-10 所示。随着应力水平的提高,岩样内部裂隙沟通、贯通。③ 在高应力水平时(47～49 MPa),围压相对较低时,所加应力已接近加速蠕变破坏应力,岩样内部裂隙扩展剧烈,因而蠕变相对较大,而围压相对较高时,岩样蠕变仍较低,且相差不大,围压与相应蠕变之间关系可用带常数项的指数函数近似拟合,拟合曲线如图 4-10 所示。

$$\varepsilon_c = A + B \cdot C^{\sigma_3} \quad (35 \sim 37 \text{ MPa}) \tag{4-3}$$

$$\varepsilon_c = A + B \cdot e^{C^{\sigma_3}} \quad (39 \sim 45 \text{ MPa}) \tag{4-4}$$

$$\varepsilon_c = A + B \cdot C^{\sigma_3} \quad (47 \sim 49 \text{ MPa}) \tag{4-5}$$

式中　ε_c——蠕变;

　　　σ_3——围压;

　　　A, B, C——拟合参数。

围压的增大抑制了岩样变形量的增大,致使岩样承载能力改变,随着围压的不断增大,岩样对力的抵抗能力增强。

4.4.5　蠕变速率变化规律

除加速蠕变破坏阶段外,损伤岩样各级应力水平在经历了短期的瞬态蠕变之后进入等速稳态蠕变阶段,其初始瞬态蠕变期较短,蠕变速率不断减小,因而以岩样稳态蠕变阶段平均蠕变速率为研究对象,图 4-11 为各损伤岩样不同应力水平下稳定蠕变速率与所施加应力水平之间的关系曲线。

由图 4-11 可知:剔除首级荷载,随着应力水平的提高,各级应力下稳定蠕变速率不断增大,各损伤岩样破坏前一级荷载时稳定蠕变速率最大,围压越低,稳定蠕变速率增长相对较大。37 MPa 应力水平时,B-6 稳定蠕变速率为 4.804×10^{-6} h^{-1},B-3 稳定蠕变速率为

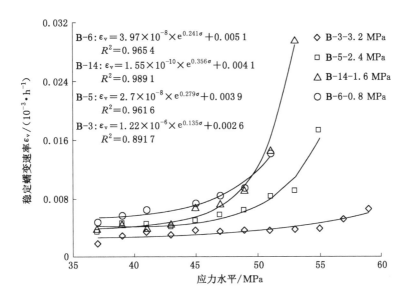

图 4-11　应力水平与稳定蠕变速率的关系曲线

1.764×10^{-6} h^{-1}。51 MPa 应力水平时 B-6 稳定蠕变速率为 14.154×10^{-6} h^{-1},B-3 稳定蠕变速率为 3.683×10^{-6} h^{-1},B-6 稳定蠕变速率增长约 2.9 倍,而 B-3 稳定蠕变速率增长约 2 倍,各级应力与稳定蠕变速率之间可用指数函数近似拟合[式(4-6)],具体拟合结果如图 4-11 所示。

$$\varepsilon_{\mathrm{v}} = A \cdot \mathrm{e}^{B\sigma} + C \tag{4-6}$$

式中　ε_{v}——蠕变速率;

　　　σ——应力水平;

　　　A,B,C——拟合参数。

由于围压对岩样变形的抑制作用会随着围压增大而越来越明显,因而由图 4-11 可知:整体上随着围压增大,相同应力水平下,稳定蠕变速率呈减小趋势,应力水平越高,不同围压之间稳定蠕变速率差异越大。随着应力水平的提高,较低围压与较高围压之间稳定蠕变速率差异越大。37 MPa 应力水平时,B-6 稳定蠕变速率为 4.804×10^{-6} h^{-1},B-14 稳定蠕变速率为 3.931×10^{-6} h^{-1},B-5 稳定蠕变速率为 3.332×10^{-6} h^{-1},B-3 稳定蠕变速率为 1.764×10^{-6} h^{-1}。51 MPa 应力水平时 B-6 稳定蠕变速率为 14.154×10^{-6} h^{-1},B-14 稳定蠕变速率为 14.595×10^{-6} h^{-1},B-5 稳定蠕变速率为 8.237×10^{-6} h^{-1},B-3 稳定蠕变速率为 3.683×10^{-6} h^{-1}。37 MPa 应力水平时,B-6 的稳定蠕变速率约为 B-3 的 2.7 倍,而 51 MPa 应力水平时 B-6 的稳定蠕变速率为 B-3 的 3.8 倍。

4.4.6　蠕变破坏模式

不同围压下损伤岩样蠕变试验最终均进入加速蠕变阶段,除 B-14 由于试验结束时非人为原因致使所取岩样完全破坏,其他岩样都产生了相应的破坏面,如图 4-12 所示。

由相关研究成果可知单轴压缩时岩样发生竖向劈裂与横剪组合破坏,三轴压缩时岩样均发生剪切破坏。随着围压的增大,剪切面与最大主应力方向的夹角总体变化趋势为逐渐

图 4-12　损伤岩样蠕变破坏图

增大。由图 4-12 可知：损伤岩样内部含有单轴加载过程中产生的裂纹、裂隙，当进行三轴蠕变试验时，岩样内部的裂纹、裂隙在围压的作用下沿主破裂面相互扩展、贯通，最终蠕变破坏时岩样也呈现剪切破坏形式，与三轴瞬时破坏一致，进一步观测发现，由于进入加速蠕变破坏后应变变化较快，剪切面、剪切滑移面均存在较明显的滑移痕迹。

4.4.7　蠕变参数识别

根据相关研究结果，拟采用一维蠕变模型对三维蠕变结果的参数进行识别，根据轴向曲线变化趋势，低应力时岩样很快就会进入稳定阶段，高应力时才会出现不同的蠕变阶段。根据上述分析，选取改进后的西原模型来近似描述砂岩蠕变特性。改进西原模型的具体构件示意图如图 4-13 所示。

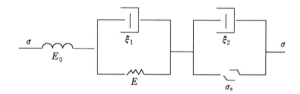

图 4-13　改进后的西原模型

相关蠕变方程为：

$$\begin{cases} \varepsilon(t) = \dfrac{\sigma}{E_0} + \dfrac{\sigma}{E_1}\Big[1 - \exp\Big(-\dfrac{E_1}{\xi_1}t\Big)\Big] & (\sigma < \sigma_s) \\[4mm] \varepsilon(t) = \dfrac{\sigma}{E_0} + \dfrac{\sigma}{E_1}\Big[1 - \exp\Big(-\dfrac{E_1}{\xi_1}t\Big)\Big] + \dfrac{\sigma - \sigma_s}{\xi_2}\Big(\dfrac{A}{3}t^3 - \dfrac{B}{2}t^2 + Ct\Big) & (\sigma \geqslant \sigma_s) \end{cases} \tag{4-7}$$

式中　σ_s ——岩样长期强度；

t ——蠕变时间；

$\varepsilon(t)$ ——蠕变；

ξ_1, ξ_2 ——黏性系数；

E_0, E_1 ——模型的弹性模量。

三轴拟合时取 σ 为 $\sigma_1 - \sigma_3$。

（1）当 $\sigma < \sigma_s$ 时，蠕变仅出现相应的减速蠕变阶段，随后变化趋于稳定。其参数 E_0、E_1、ξ_1 可由式（4-8）至式（4-10）直接计算获得，即

$$E_0 = \frac{\sigma}{\varepsilon_0} \tag{4-8}$$

$$E_1 = \frac{\sigma}{\varepsilon_\infty - \varepsilon_0} \tag{4-9}$$

$$\xi_1 = \frac{E_1 t}{\ln \sigma - \ln[\sigma - E_1(\varepsilon - \varepsilon_0)]} \tag{4-10}$$

式中　ε_0——所加荷载时的瞬时应变,可在加载的瞬间记录;

　　　ε_∞——该级应力水平下 $t \rightarrow \infty$ 时的蠕变,ε_∞ 可由蠕变曲线获得;

　　　ε——任意时间点蠕变曲线上 $t > 0$ 时所得的岩样蠕变。

(2)当 $\sigma \geqslant \sigma_s$ 时,将会有完整的蠕变全过程,即减速蠕变、稳定蠕变、加速蠕变。当蠕变曲线出现加速蠕变时,岩样结构极不稳定,岩样内部裂纹和裂隙沟通、贯穿,最终破坏。采用数值拟合方法求解各个蠕变参数。表 4-6 为拟合得到的改进西原模型各蠕变参数。改进的西原模型能够较好地模拟峰后破裂损伤砂岩三轴蠕变特征,具体结果如图 4-6 所示。

表 4-6　西原模型中各参数计算结果

岩样编号	σ/MPa	E_0/GPa	E_1/GPa	ξ_1/(GPa·h)	ξ_2/(GPa·h)	A	B	C
B-6	35	6.515	125.178	217.052				
	37	6.519	286.001	266.700				
	39	6.645	267.756	170.080				
	41	6.673	103.028	3 380.180				
	43	6.689	292.453	2 268.611				
	45	6.773	135.563	2 401.045				
	47	6.769	255.352	1 476.621				
	49	6.771	164.028	1 600.898				
	51	6.711	99.251	1 563.889				
	53	6.985	103.013	0.434	253.589	2.962	7.639	7.647
B-14	35	8.359	187.416	183.944				
	37	8.362	223.290	215.103				
	39	8.458	187.203	868.772				
	41	8.398	370.772	529.598				
	43	8.479	277.491	811.329				
	45	8.503	258.246	1 123.268				
	47	8.426	293.200	773.064				
	49	8.434	223.316	313.474				
	51	8.345	93.777	1 633.030				
	53	8.116	95.580	387.764				
	54	7.463	3 506.49	376.874	433.33	10.026	4.682	7.390

表 4-6(续)

岩样编号	σ/MPa	E_0/GPa	E_1/GPa	ξ_1/(GPa·h)	ξ_2/(GPa·h)	A	B	C
B-5	35	8.839	205.725	1 116.120				
	37	8.765	130.235	356.830				
	39	8.988	355.062	365.845				
	41	9.045	416.582	550.177				
	43	9.157	267.114	465.339				
	45	9.953	382.133	301.253				
	47	9.208	358.064	369.807				
	49	9.226	362.936	283.641				
	51	9.246	232.244	657.667				
	53	9.158	315.833	591.902				
	55	9.156	160.061	366.599				
	57	8.826	1 619.318	5 426.114	349.693	1.658	4.594	3.984
B-3	35	11.425	196.331	157.012				
	37	11.032	175.864	3 680.619				
	39	11.019	633.117	1 341.847				
	41	11.075	293.928	3 771.693				
	43	11.218	370.689	354.915				
	45	11.149	403.732	1 904.069				
	47	11.127	415.158	1 092.751				
	49	11.118	387.046	659.756				
	51	11.213	419.270	1 614.247				
	53	10.987	380.975	976.999				
	55	10.892	357.909	876.755				
	57	10.749	282.878	4 149.597				
	59	10.624	206.546	3 462.052				
	61	10.459	3 910.256	178.675	123.984	1.121	5.152	11.329

4.5 峰后破裂砂岩三轴蠕变特性颗粒流模拟

4.5.1 颗粒流模型的建立

室内试验采用细砂岩制备破裂损伤程度基本一致的岩样,在不同围压下进行三轴蠕变试验,分析围压对损伤破裂岩样蠕变特性的影响,可以得出较好的结果。然而,对于不同损伤程度的岩样三轴蠕变特性的研究,室内试验却无法制备如此多的力学特性基本一致的岩样,故而采用数值模拟手段制备不同损伤程度岩样,进行三轴蠕变模拟,分析其蠕变特性。

4.5.2 模型细观参数的标定

由室内细砂岩单轴压缩、三轴压缩和峰后三轴蠕变结果,建立细砂岩颗粒流模型(BPM模型),研究围压对损伤岩样蠕变特性的影响,室内试验所测得岩样基本力学参数见表 4-7。三轴蠕变试验所选择的是细砂岩,岩石颗粒较小,峰后卸载极不容易,故选择卸载点损伤程度较低。设定数值模拟试样高度为 100 mm,直径为 50 mm,与室内试验标准件的尺寸基本相同,颗粒半径为 0.3 mm,与真实砂岩相似,颗粒半径比 $R_{Ratio}=1.2$,颗粒之间采用平行黏结的方式,如图 4-14 所示,共生成颗粒 9 245 个,粒子之间的平行黏结有 34 621 个。为了能够模拟岩石颗粒的不均匀性,颗粒粒径与颗粒之间的黏结均采用正态分布,其参数设置见表 4-7。

(a) 初始模型　　　　　　　(b) 完整岩样

图 4-14　数值模型与完整岩样对比

表 4-7　BMP 模型细观参数设置

细观参数	名称	数值
ba_rho	密度	2 930 kg/m³
ba_Ec	颗粒接触模量	6×10^9 Pa
ba_krat	平行黏结刚度比	1.2
ba_fric	颗粒内摩擦系数	0.6
pb_Rmult	平行黏结半径乘子	1
pb_Ec	平行黏结模量	6×10^9 Pa
pb_krat	平行黏结刚度之比	1.2
pb_sn_mean	法向接触强度	49×10^6 Pa
pb_sn_sdev	法向接触强度标准差	1×10^6 Pa
pb_coh_mean	剪向接触强度	49×10^6 Pa
pb_coh_sdev	剪向接触强度标准差	1×10^6 Pa

由室内试验所测得的细砂岩力学特性与单轴压缩曲线,并与室内三轴试验(0.8 MPa、1.6 MPa、2.4 MPa、3.2 MPa)的低围压三轴压缩试验对比,对参数进行校核,并与室内所测得的数据进行比较,所得的数值模拟结果如图 4-15 所示(实线为模拟值,虚线为试验值),具体结果见表 4-8。

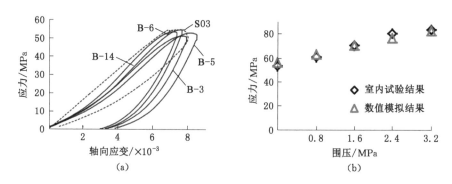

图 4-15　室内试验结果与数值模拟结果对比

表 4-8　数值模拟结果与室内试验结果对比

	单轴抗压强度 平均值/MPa	弹性模量 /GPa	泊松比	峰值点应变/×10⁻³		
				轴向	侧向	体积
室内试验结果	53.146	8.833	0.335	7.664	5.187	2.786
数值模拟结果	56.058	8.257	0.362	7.588	6.432	5.210

由表 4-8 和图 4-15 可知:室内单轴压缩曲线与数值模拟结果基本一致,三轴校核相差不大;二者所得岩样基本力学性能参数基本一致,峰值强度相差 2.912 MPa,弹性模量基本一致,泊松比相差稍大,约为 0.027,二者相差略大原因是数值模拟时岩样的初始压密阶段不明显;数值模拟与室内试验岩样峰值点处的轴向应变几乎相当,侧向应变与体积应变相差较大,数值模拟在模型加载进入屈服阶段后,侧向变形较大,因而会产生与室内试验的差异。比较分析结果表明:二者试验结果基本一致,PFC 模拟的类岩石材料基本可认为是室内试验所采用的细砂岩岩样,该模型可以很好地模拟砂岩的强度和变形特性,所建立的颗粒集合模型能较好地模拟真实岩石试样的宏观力学性能,可以在此基础上进行峰后蠕变模拟分析。

4.5.3　峰后破裂砂岩颗粒流模型建立

在上述模型标定的基础上,按照设计的试验方案建立峰后损伤岩样颗粒流模型。试验共进行了峰后 5 个不同点的卸载,建立了 5 个峰后损伤岩样的颗粒流模型(编号为 S00,S01,S02,S03,S04),各个损伤岩样具体卸载点和各卸载点处岩样如图 4-16 和图 4-17 所示。

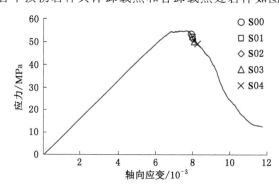

图 4-16　模型全应力-应变关系曲线与峰后卸载点选择

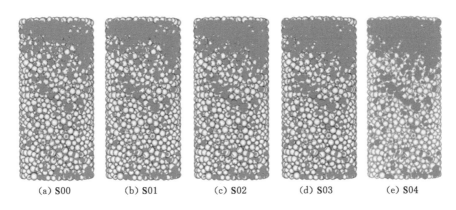

(a) S00　　(b) S01　　(c) S02　　(d) S03　　(e) S04

图 4-17　制备的不同损伤程度岩样

　　根据前文所定义的损伤因子(弹性模量损伤率、体积膨胀比),分别计算所制备的损伤因子,计算结果见表 4-9。

表 4-9　岩样损伤因子

岩样	D	D_V
S00	0.182 7	0.236 7
S01	0.189 8	0.527 4
S02	0.229 9	0.808 9
S03	0.257 7	0.925 4
S04	0.260 9	1.234 1

　　以室内峰后三轴蠕变试验(B-6)0.8 MPa 围压下所测得试验数据为基础,采用上述研究中单位速率 β_1、无量纲常数 β_2、微活化应力 $\overline{\sigma_a}$ 对断裂时间的影响对数值模拟参数进行校核,设定单位速率 $\beta_1 = 5 \times 10^{-18}$,无量纲常数 $\beta_2 = 24$,微活化应力 $\overline{\sigma_a} = 30 \times 10^6$,并将蠕变模拟结果与室内试验结果进行对比,如图 4-18 所示,数值模拟结果与室内试验结果基本一致,可以以此为基础设计数值模拟蠕变方案。

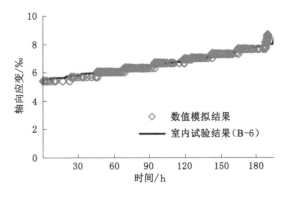

图 4-18　数值模拟结果与室内试验结果对比

4.6　三轴蠕变模拟方案设计

三轴蠕变模拟时仍采用分级加载方式，加载应力水平方案设计与室内三轴试验一致，初始应力为 35 MPa，由于真实试验中时间紧任务重，因而在数值模拟中加载时间定为不低于 500 h（约 21 d），待每一级蠕变应变完全稳定时再施加下一级荷载，所制备的每一个损伤岩样均在 0.8 MPa、1.6 MPa、2.4 MPa、3.2 MPa 的低围压下进行蠕变试验，每一个损伤岩样的损伤程度拟采用所定义的弹性模量损伤率、体积膨胀比来表示。由于室内试验制备的损伤岩样的损伤程度基本一致，室内试验已经对同一损伤程度下围压对蠕变特性的影响作了详细介绍，本节对此部分不进行重点分析，下面重点分析较低围压、中低围压、较高低围压下不同损伤程度岩样的蠕变特性和裂纹扩展演化规律。

4.7　峰后破裂砂岩三轴蠕变模拟结果分析

4.7.1　峰后破裂砂岩三轴蠕变全过程曲线分析

图 4-19、图 4-20、图 4-21 分别为损伤岩样（S00、S01、S02、S03、S04）在 0.8 MPa、1.6 MPa、2.4 MPa、3.2 MPa 围压下轴向、侧向、体积应变曲线，各损伤岩样在不同围压下

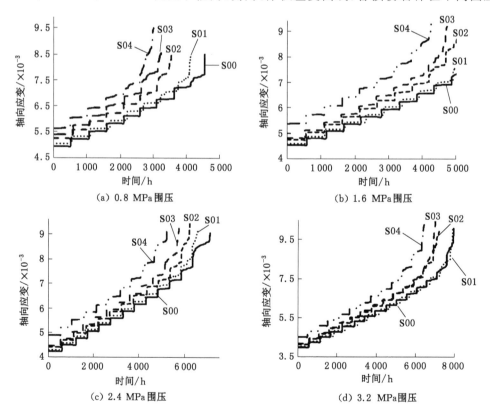

图 4-19　各围压下各损伤岩样轴向蠕变曲线

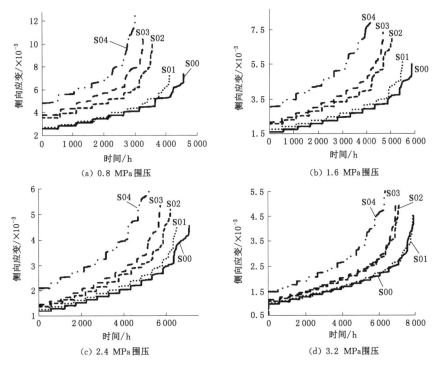

图 4-20　各围压下各损伤岩样侧向蠕变曲线

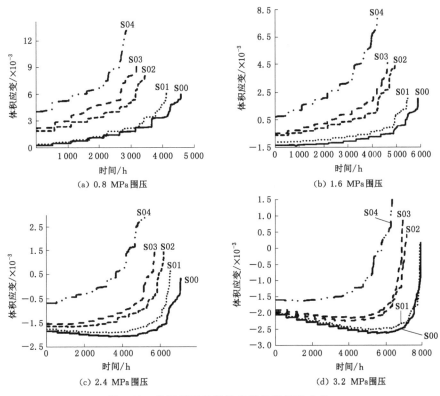

图 4-21　各围压下各损伤岩样体积蠕变曲线

均加载至加速蠕变阶段。

0.8 MPa、1.6 MPa、2.4 MPa、3.2 MPa 围压下,S00 分别加载 9 级、12 级、13 级、15 级应力水平,破坏应力分别为 50 MPa、56 MPa、59 MPa、63 MPa;S01 分别加载 8 级、11 级、13 级、15 级应力水平,破坏应力分别为 49 MPa、55 MPa、59 MPa、63 MPa;S02 分别加载 7 级、10 级、12 级、14 级应力水平,破坏应力分别为 47 MPa、53 MPa、57 MPa、61 MPa;S03 分别加载 7 级、10 级、12 级、14 级应力水平,破坏应力分别为 47 MPa、53 MPa、57 MPa、61 MPa;S04 分别加载 6 级、9 级、11 级、13 级应力水平,破坏应力分别为 45 MPa、51 MPa、55 MPa、59 MPa,各损伤岩样最终均进入加速蠕变破坏阶段。

由图 4-18 可知:随着围压的不断增大,岩样的承载力不断提高,围压阻碍岩样变形的能力也会随之增强,轴向变形逐渐减小。在低围压下,损伤岩样轴向变形差异较大,应力水平提高过程中,损伤程度较大的岩样轴向变形较大,且会出现变形突增现象,损伤程度较低的岩样轴向变形增加较为平缓,在高应力水平时才会有轴向变形突增现象。随着围压增大,在较高围压下,各损伤岩样之间的轴向变形差值减小,各应力水平下轴向变形变化较为稳定,轴向变形突增的现象只会发生在较高的应力水平时。围压对轴向变形的抑制作用可明显看出,并且岩样损伤程度越高,这种抑制作用越明显。

由图 4-20 可知:岩样各个方向的变形均发生改变,但是围压对侧向变形的抑制远大于轴向,原因是围压相当于一种支护作用,相应侧向变形程度削弱,岩样在轴向偏应力作用下体积不断减小,这个阶段岩样释放出的能量大于单轴条件下岩样释放的能量。在低围压下,损伤岩样侧向变形较为剧烈,尤其是损伤程度较高的岩样,随着应力水平提高,侧向变形速率不断增大,损伤程度低的岩样,随着应力水平提高,侧向变形速率先平稳增大,在较高应力水平时才会剧烈变化;在较高围压下,侧向变形逐渐减小,高应力水平时才会迅速增大。上述现象表明:围压能大幅度提高损伤岩样的承载能力,尤其是损伤程度较高的岩样,围压对侧向变形的作用效果会更加明显。

由图 4-21 可知:不同损伤程度的岩样的扩容现象随着围压的增大而逐渐减弱,体应变随着围压增大急剧增大,在较低围压下,低应力水平时各损伤岩样便出现明显的扩容现象,体应变不断增大,直至岩样蠕变破坏。在中等围压下,损伤程度较低的岩样扩容现象不明显,体应变先为"一"后为"+",在较高围压下,损伤岩样的扩容现象明显减弱。岩样蠕变过程中,体积先减小,当应力水平提高到一定水平时,体积逐渐增大,对于损伤程度较低的岩样,扩容现象在加速蠕变阶段才会出现。围压的存在大大抑制了岩样变形破坏,尤其对于体积变形的限制要优于轴向、侧向变形,同样也减缓了岩样内部贮存能量的释放,表明围压可以有效抑制岩样体积的变化,岩样损伤程度越高,围压越大,这种抑制作用越明显。

综合对比分析,各峰后破裂岩样的变形特征,随着应力水平提高,各应变均呈现逐渐增大趋势,各应变均会出现一定的突变现象,低围压下各变形增长较快,高围压下抑制变形增长的现象明显增加;不同围压下轴向变形之间差异明显小于侧向、体积变形,侧向、体积变形变化趋势较一致,且变形突变均先发生于侧向、体积变形,而轴向突变较晚,因而侧向与体积变形突变可用于预警岩样的破坏,而轴向变形的突变可预示破坏即将发生,体积变形在较高围压下会出现先减小后增大的现象,而侧向、轴向变形在整个阶段内均不断增加,围压对岩样变形的抑制作用可由侧向与体积变形明显得出。

4.7.2 各围压下峰后破裂砂岩瞬时应变变化规律

图 4-22 至图 4-24 为各围压下轴向瞬时应变与所定义损伤因子(表 4-9)之间的关系曲线。

由图 4-22 可知:同一应力水平下,轴向瞬时应变会随着围压的增大而减小,这表明损伤岩样在围压作用下结构的承载能力会逐渐增强,围压对岩样蠕变破坏会产生不同程度的抑制;各损伤因子(弹性模量损伤率、体积膨胀比)与轴向应变之间呈线性关系,可用式(4-11)表示。

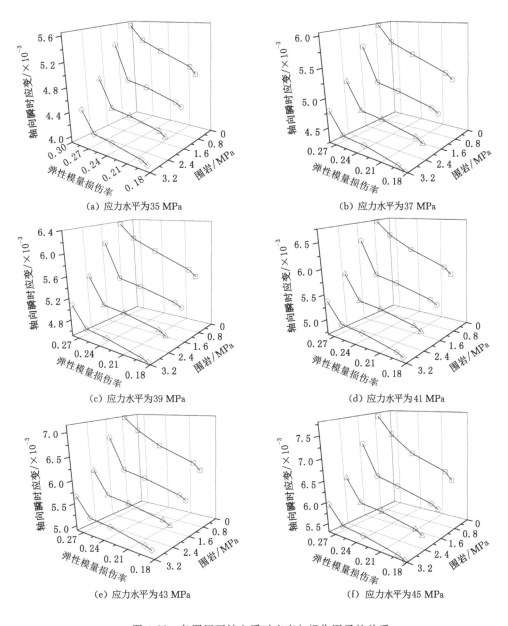

图 4-22　各围压下轴向瞬时应变与损伤因子的关系

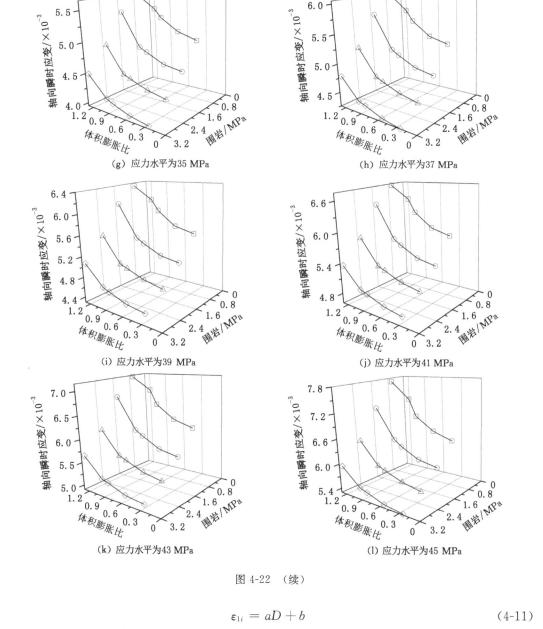

（g）应力水平为 35 MPa

（h）应力水平为 37 MPa

（i）应力水平为 39 MPa

（j）应力水平为 41 MPa

（k）应力水平为 43 MPa

（l）应力水平为 45 MPa

图 4-22 （续）

$$\varepsilon_{1i} = aD + b \tag{4-11}$$

式中　　ε_{1i}——轴向瞬时应变；

　　　　D——损伤因子，如弹性模量损伤率 D、体积膨胀比 D_V；

　　　　a,b——拟合参数。

较低围压（0.8 MPa）下，各损伤因子与轴向瞬时应变之间呈线性关系，其相关性系数较大，随着应力水平的提高，轴向瞬时应变呈现稳步增长趋势，不同损伤岩样之间轴向瞬时应变差值基本一致。中等围压（1.6 MPa、2.4 MPa）下，各损伤因子与轴向瞬时应变之间也基本呈一种线性增长的关系，其相关性系数在低应力水平时较高，应力水平越高，其相关性系数越低。蠕变破坏荷载强度高时，损伤因子与轴向瞬时应变之间近乎呈指数关系，随着应力

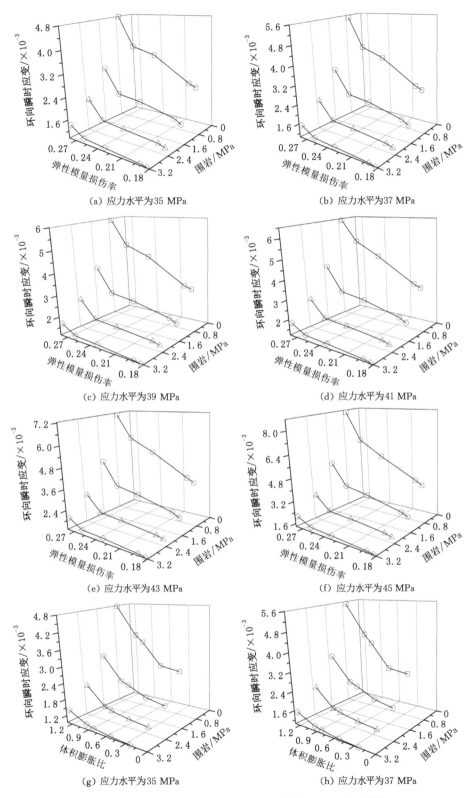

图 4-23　各围压下环向瞬时应变与损伤因子的关系曲线

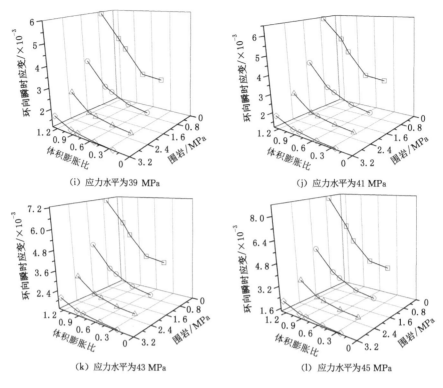

图 4-23 （续）

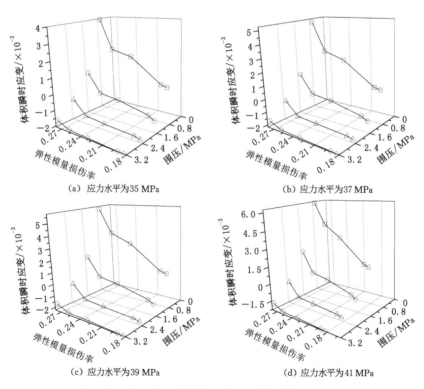

图 4-24 各围压下体积瞬时应变与损伤因子的关系曲线

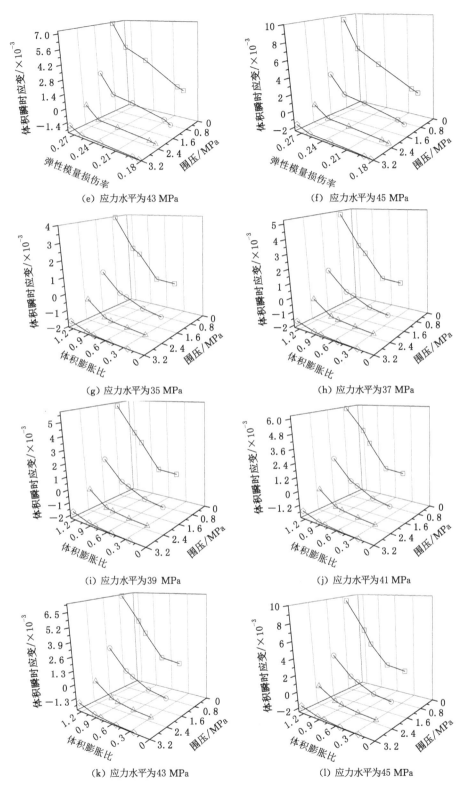

(e) 应力水平为43 MPa

(f) 应力水平为45 MPa

(g) 应力水平为35 MPa

(h) 应力水平为37 MPa

(i) 应力水平为39 MPa

(j) 应力水平为41 MPa

(k) 应力水平为43 MPa

(l) 应力水平为45 MPa

图 4-24　（续）

水平的提高,轴向瞬时应变先稳步增大,当达到某一应力水平后,各损伤岩样轴向瞬时应变之间差值开始逐渐变大,损伤程度较大的岩样 S04 轴向瞬时应变变化尤其明显,与其他损伤岩样之间轴向瞬时应变差值越来越大。较高围压(3.2 MPa)下,低应力水平时,各损伤因子与轴向瞬时应变之间基本呈线性关系,其相关性较好,高应力水平下,损伤因子与轴向瞬时应变之间关系由线性逐渐向近似指数函数关系过渡。由于围压对岩样变形有抑制作用,不同损伤岩样之间轴向瞬时应变的差值基本保持不变,只在破坏应力与破坏前一级荷载时,轴向瞬时应变之间差值才会出现逐渐增加的情况。整体上随着围压的增大,各损伤岩样的轴向瞬时应变呈现逐渐减小的趋势,岩样损伤程度越高,这种减小趋势越明显,同样表明围压对损伤程度较高的岩样的抑制作用越明显,围压阻碍其变形的状态越显著,围压对其承载能力改变越强。

由图 4-23 可知:同一应力水平下,环向瞬时应变随着围压的增大而减小,各损伤因子(弹性模量损伤率、体积膨胀比)与环向瞬时应变之间呈指数函数关系,可以用式(4-12)表示。

$$\varepsilon_{2i} = a \cdot e^{bD} \tag{4-12}$$

式中　ε_{2i}——环向瞬时应变;

　　　　D——损伤因子(弹性模量损伤率 D、体积膨胀比 D_V);

　　　　a,b——拟合参数。

较低围压(0.8 MPa)下,各损伤因子与环向瞬时应变之间呈指数函数关系,其相关性系数较高,随着应力水平的提高,环向瞬时应变呈现逐渐增大的趋势,不同损伤岩样之间侧向瞬时应变差值低应力水平时基本一致,高应力水平时差异较大。中等围压(1.6 MPa、2.4 MPa)下,各损伤因子与环向瞬时应变之间也基本呈指数函数关系。侧向瞬时应变随着应力水平的提高不同损伤岩样差异较大,例如 1.6 MPa 围压时,应力水平为 35 MPa 时岩样 S00 侧向瞬时应变为 $1.602\ 3 \times 10^{-3}$,岩样 S04 侧向瞬时应变为 $3.022\ 1 \times 10^{-3}$,岩样 S04 的约为岩样 S00 的 1.9 倍,当应力水平为 51 MPa 时,岩样 S00 侧向瞬时应变为 3.116×10^{-3},岩样 S04 侧向瞬时应变为 9.219×10^{-3},岩样 S04 的约为岩样 S00 的 3 倍,损伤程度越高,岩样的侧向瞬时应变增长越大,岩样 S00 的侧向应变从 35 MPa 变到 51 MPa,应力水平仅增长 1.557×10^{-3},而 S04 却增长了 $6.196\ 9 \times 10^{-3}$。较高围压(3.2 MPa)下,低应力水平时,各损伤因子与环向瞬时应变之间基本呈指数函数关系,其相关性较好,围压较高时,侧向瞬时应变增长减慢,损伤程度越高其衰减速率减小越明显。例如,3.2 MPa 围压下,应力水平为 35 MPa 时,S00 侧向瞬时应变为 $0.973\ 5 \times 10^{-3}$,S04 侧向瞬时应变为 $1.457\ 9 \times 10^{-3}$;应力水平为 59 MPa 时,S00 侧向瞬时应变为 $2.432\ 5 \times 10^{-3}$,S04 侧向瞬时应变为 $5.145\ 8 \times 10^{-3}$,S00 侧向瞬时应变增长了 1.459×10^{-3},S04 侧向瞬时应变增长了 $3.687\ 9 \times 10^{-3}$,相比 1.6 MPa 围压时,增长数值降低了 40.7%。整体上随着围压的增大,各损伤岩样的环向瞬时应变呈现逐渐减小趋势,岩样损伤程度越高,这种减小的趋势越明显,同样表明围压对于损伤程度较高的岩样,其抑制作用越明显。根据分析可知:围压对侧向变形的抑制作用明显高于轴向变形,围压增大时,侧向变形弱化,岩样承载结构发生较大改变。

由图 4-24 可知:同一应力水平下,体积瞬时应变会随着围压的增大而减小,各损伤因子(弹性模量损伤率、体积膨胀比)与体积瞬时应变呈指数函数关系,可用式(4-13)表示。

$$\varepsilon_{vi} = ae^{bD} \tag{4-13}$$

式中　ε_{vi}——环向瞬时应变;

　　　　D——损伤因子,如弹性模量损伤率 D、体积膨胀比 D_V;

　　a,b——拟合参数。

　　较低围压(0.8 MPa)下,各损伤因子与体积瞬时应变之间呈指数函数关系,其相关性系数较高。随着应力水平的提高,体积瞬时应变呈现逐渐增大趋势,不同损伤岩样之间体积瞬时应变差值在低应力水平时基本一致,而高应力水平时差异较大。较低应力水平时各损伤岩样均出现不同程度的扩容现象,随着应力水平的提高,扩容现象越来越明显,尤其以损伤程度较高的岩样扩容现象最明显。例如,应力水平为 35 MPa 时,岩样 S00 体积瞬时应变为 $0.212\ 6\times10^{-3}$,岩样 S04 体积瞬时应变为 $3.976\ 3\times10^{-3}$;应力水平为 45 MPa 时,岩样 S00 体积瞬时应变为 $1.641\ 7\times10^{-3}$,岩样 S04 体积瞬时应变为 $9.515\ 8\times10^{-3}$,岩样 S00 增长了 $1.429\ 1\times10^{-3}$,而岩样 S04 增长了 $5.539\ 5\times10^{-3}$。中等围压(1.6 MPa、2.4 MPa)下,各损伤因子与体积瞬时应变之间也基本呈指数函数关系增长,体积瞬时应变随着应力水平的提高,不同损伤岩样差异增长较大。例如围压为 1.6 MPa 时,应力水平为 35 MPa 时岩样 S00 体积瞬时应变为 $-1.336\ 2\times10^{-3}$,岩样 S04 侧向瞬时应变为 $0.679\ 7\times10^{-3}$;应力水平为 51 MPa 时,岩样 S00 侧向瞬时应变为 $-0.626\ 6\times10^{-3}$,岩样 S04 侧向瞬时应变为 $8.969\ 8\times10^{-3}$,损伤程度越高,岩样体积瞬时应变增长越多。损伤程度较低的岩样,体积出现减小的现象(体应变为负),而损伤程度较高的岩样,体积变形仍以扩容体积膨胀为主;较高围压(3.2 MPa)下,低应力水平时,各损伤因子与体积瞬时应变之间基本呈指数函数关系,其相关性较好。围压较高时体积瞬时应变增长减慢,损伤程度越高其衰减速率越高,例如,35 MPa 应力水平时岩样 S00 体积瞬时应变为 $-2.045\ 3\times10^{-3}$,岩样 S04 体积瞬时应变为 $-1.592\ 8\times10^{-3}$,59 MPa 应力水平时岩样 S00 体积瞬时应变为 $-2.549\ 1\times10^{-3}$,岩样 S04 体积瞬时应变为 $0.788\ 3\times10^{-3}$,损伤岩样在此围压下体积瞬时应变均先减小后增大,表明损伤岩样在高围压下体积先减小后增大。损伤程度较低的岩样,体积扩容现象只出现在加速蠕变阶段,而损伤程度较高的岩样也只在较高应力水平时才会发生体积扩容现象。整体上,随着围压的增大,各损伤岩样的体积瞬时应变呈现逐渐减小趋势,岩样损伤程度越高,这种减小趋势越明显,同样表明围压对于损伤程度较高的岩样,其抑制作用越明显。根据分析可知:围压对体积变形的抑制作用明显高于轴向变形与侧向变形,进一步抑制岩样蠕变过程中的体积膨胀。

　　综合对比分析可知:轴向、侧向、体积瞬时应变在围压与损伤程度的影响下所表现出来的特性存在明显差异,围压的变化对损伤程度较高的岩样影响较大,其瞬时应变变化较明显,其中又以侧向、体积应变变化尤为显著。围压对损伤程度较低的岩样的影响却相对较低,由于损伤程度越高,岩样结构发生较大改变,岩样内部微裂隙发育明显,在围压的抑制作用下,岩样破坏速率会较大幅度降低。随着围压的不断增大,损伤程度较低的岩样的体应变变化率由"+"变为"−",体积由扩容进入压缩,围压对岩样变形的抑制作用会随着损伤程度的提高而愈加显著。不同围压下,损伤程度较高的岩样,整个蠕变过程中各瞬时应变都会大于损伤程度较低的岩样。在围压与损伤程度的作用下,岩样变形会有明显改观,承载能力也会产生较大的差异。

4.7.3　各围压下峰后破裂砂岩蠕变变化规律

　　图 4-25 至图 4-27 为各围压下蠕变在围压与损伤因子双重影响下的变化,随着围压与损伤程度的变化,蠕变不尽相同,而在不同的围压下,各损伤岩样蠕变的变化形式也表现出不同的特性。

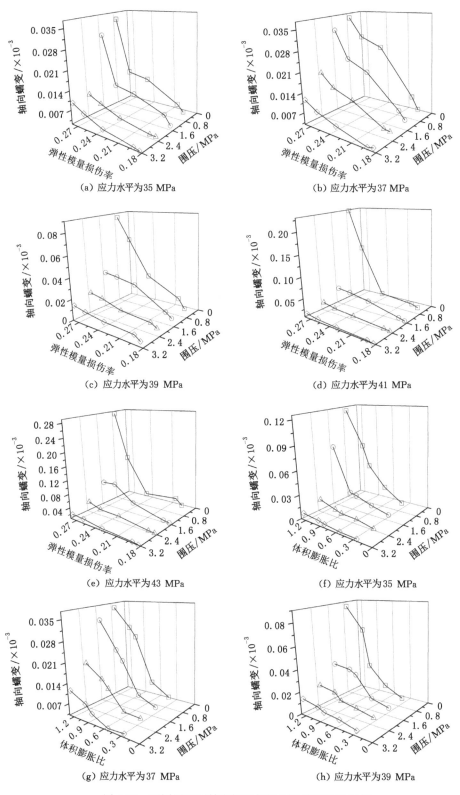

图 4-25 不同围压下轴向蠕变与损伤因子的关系曲线

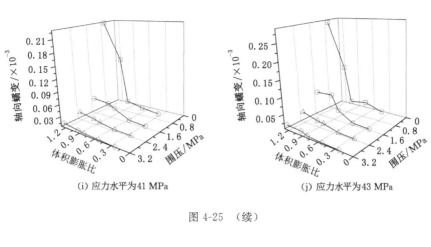

(i) 应力水平为41 MPa　　　　(j) 应力水平为43 MPa

图 4-25　（续）

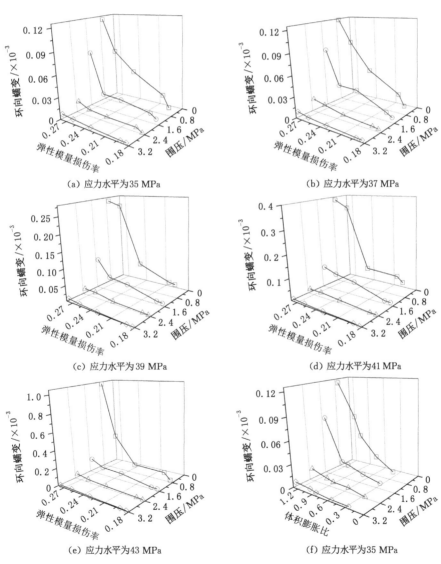

(a) 应力水平为35 MPa　　　　(b) 应力水平为37 MPa

(c) 应力水平为39 MPa　　　　(d) 应力水平为41 MPa

(e) 应力水平为43 MPa　　　　(f) 应力水平为35 MPa

图 4-26　不同围压下环向蠕变与损伤因子的关系曲线

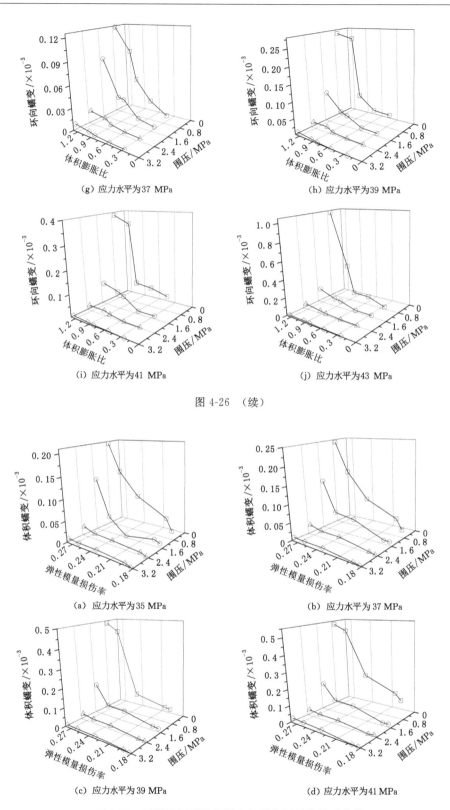

（g）应力水平为37 MPa

（h）应力水平为39 MPa

（i）应力水平为41 MPa

（j）应力水平为43 MPa

图 4-26　（续）

（a）应力水平为35 MPa

（b）应力水平为37 MPa

（c）应力水平为39 MPa

（d）应力水平为41 MPa

图 4-27　不同围压下体积蠕变与损伤因子的关系曲线

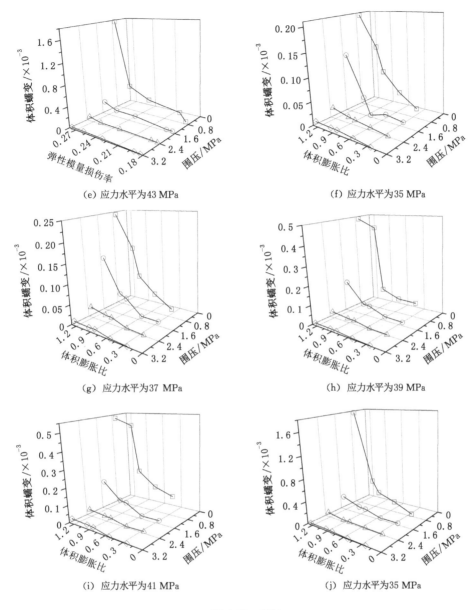

图 4-27 （续）

通过对较低围压、中等围压、较高围压下各损伤岩样轴向、侧向、体积蠕变的详细分析可以得出以下结论：

由图 4-25 至图 4-27 可知：三轴蠕变与单轴蠕变具有相类似的特征，随着围压的增大，相同荷载条件下的轴向、侧向以及体积蠕变和瞬时应变逐渐减小，且随着围压的增大，蠕变减小的程度也随着提高。例如岩样 S04，应力水平为 35 MPa、围压为 1.6 MPa 时，轴向蠕变减少 50%，围压为 2.4 MPa 时蠕变减少 62.2%，围压为 3.2 MPa 时蠕变减少 73.2%，围压对侧向变形、体积变形影响效果最显著，侧向变形量减小幅度也远大于轴向变形，各损伤因子（弹性模量损伤率、体积膨胀比）与各蠕变（轴向蠕变、环向蠕变、体积蠕变）之间呈指数函数关系,可用式(4-14)表示。

$$\varepsilon_{ic} = a e^{bD} \tag{4-14}$$

式中　ε_{ic}——蠕变,ε_{1c}为轴向蠕变,ε_{2c}为环向蠕变,ε_{vc}为体积蠕变;

　　　　D——损伤因子,如弹性模量损伤率 D、体积膨胀比 D_V;

　　　　a,b——拟合参数。

较低围压(0.8 MPa)下,各损伤岩样蠕变随着应力水平提高而增大,这与室内试验结果基本一致,损伤程度越高,岩样蠕变增长速率越大,其中又以体积蠕变增长最快。例如应力水平为 35 MPa 时,岩样 S00 轴向蠕变为 $0.005\ 2 \times 10^{-3}$,侧向蠕变为 $0.011\ 4 \times 10^{-3}$,体积蠕变为 $0.020\ 2 \times 10^{-3}$;应力水平为 35 MPa 时,S04 轴向蠕变为 $0.035\ 1 \times 10^{-3}$,侧向蠕变为 $0.120\ 5 \times 10^{-3}$,体积蠕变为 $0.205\ 9 \times 10^{-3}$;应力水平为 43 MPa 时,S00 轴向蠕变为 0.038×10^{-3},侧向蠕变为 $0.023\ 3 \times 10^{-3}$,体积蠕变为 $0.043\ 3 \times 10^{-3}$;应力水平为 35 MPa 时,S04 轴向蠕变为 $0.283\ 8 \times 10^{-3}$,侧向蠕变为 $1.030\ 6 \times 10^{-3}$,体积蠕变为 $1.777\ 4 \times 10^{-3}$。在较低围压下,整个蠕变全过程损伤岩样一直处于体积扩容阶段,围压对损伤岩样的抑制作用不太明显,损伤程度较高的岩样,在低应力水平下就会发生蠕变突变现象,其中又以体积突变最剧烈。整个阶段蠕变增长幅度较大,对于损伤程度较低的岩样,低应力水平下,蠕变呈现稳定增长趋势,只有体积应变变化较大,而达到较高应力水平时蠕变才会发生突变现象。各损伤岩样蠕变与各损伤因子之间呈指数关系,拟合结果较好。中等围压下(1.6 MPa、2.4 MPa),围压对损伤岩样变形的抑制作用增大,低应力水平下各损伤岩样蠕变呈现稳步增长趋势,各蠕变未发生较为剧烈的突增现象。当应力水平达到某一阈值时各蠕变开始迅速增大,其中以体积蠕变和侧向蠕变增长率最为迅速。岩样损伤程度越高,蠕变变化最为显著。例如,1.6 MPa 围压时,S00 由 35 MPa 到 49 MPa 轴向蠕变增长了 $0.042\ 6 \times 10^{-3}$,侧向蠕变增长了 $0.043\ 2 \times 10^{-3}$,体积蠕变增长了 $0.044\ 6 \times 10^{-3}$;S04 轴向蠕变增加了 $0.888\ 3 \times 10^{-3}$,侧向蠕变增加了 $1.857\ 2 \times 10^{-3}$,体积蠕变增加了 2.825×10^{-3},S04 轴向、侧向、体积蠕变增长量分别约为 S00 的 20.8 倍、42.9 倍、63.3 倍。围压的增大阻碍了岩样变形,使岩样承载力发生不同程度的变化,对于损伤程度较低的岩样,体积变形已经由"+"变为"-",体积变形已经由原来的不断扩容转变为体积的压缩与扩容现象并存。而损伤程度较高的岩样,岩样原来峰后结构损伤较大,结构发生明显改变,中等围压下体积变化会有所减小,但是整体上体积变形仍以扩容为主,且变化趋势低应力水平时不明显,高应力水平时仍会出现明显突变。较高围压(3.2 MPa)下,低应力水平时,对各损伤岩样围压的抑制作用都十分显著。各损伤岩样蠕变均在稳步增加,明显的突增现象不再出现。随着应力水平的提高,各损伤岩样蠕变呈现渐增趋势,蠕变的变化量较大只出现在破坏前一级或前两级荷载,各损伤岩样之间蠕变差值变化不大,各损伤岩样蠕变变化差异不大。例如,57 MPa 时 S00 的轴向蠕变为 $0.080\ 4 \times 10^{-3}$,侧向蠕变为 $0.054\ 3 \times 10^{-3}$,体积蠕变为 $0.054\ 8 \times 10^{-3}$;S04 的轴向蠕变为 0.505×10^{-3},侧向蠕变为 $0.481\ 6 \times 10^{-3}$,体积蠕变为 $0.602\ 5 \times 10^{-3}$。蠕变过程中各蠕变不再是侧向变形与体积变形远大于轴向变形,各方向蠕变呈现基本一致趋势。围压对变形影响以损伤程度较高的岩样最明显,各蠕变与各损伤因子之间呈现较好的指数函数关系。整体上,随着围压的增大,各蠕变呈现逐渐减小趋势,但是随着围压的增大,相同时间内蠕变也会出现反常现象,这是由于围压对裂纹扩展的抑制作用,各蠕变与表征损伤程度的损伤因子之间呈现较好的指数函数关系。

综合对比分析,各岩样在不同围压、损伤程度双因素影响下轴向、侧向、体积蠕变的变化。较低围压下,损伤程度较高的岩样蠕变随着应力水平提高而剧烈增加,损伤程度较低的岩样蠕变增加也较快,但是远低于损伤程度较高的岩样,其中尤其以侧向、体积蠕变的增加最为显著。中等围压下,损伤程度较高的岩样蠕变的增加速率明显变小且减小幅度远大于损伤程度较低的岩样。比较各级应力下侧向、体积蠕变减小量更加明显。较高围压时,各损伤岩样不同应力水平时蠕变均是稳步增加,且在低应力水平时相差不大,当应力达到较高值时才会有迅速的突增现象,围压对变形的抑制作用显现。各损伤岩样各级蠕变均以破坏前一级荷载所占比例较高,随着围压增大该比例增大。侧向、体积的蠕变突增现象可以作为岩样长期流变破坏的预警,其最佳支护点也应在此时,而轴向变形的突增已经预示岩样长期破坏来临。

4.7.4　各围压下峰后破裂砂岩裂纹扩展规律

岩样在压缩过程中会伴随着裂纹的发育、沟通直至形成宏观破裂面,裂纹的生长是岩样破坏的重要因素,因而研究蠕变过程中裂纹的扩展具有十分重要的意义。图 4-28 为不同围压下损伤岩样裂纹数量的变化。表 4-10 至表 4-13 为损伤岩样各应力水平下裂纹生长数量。

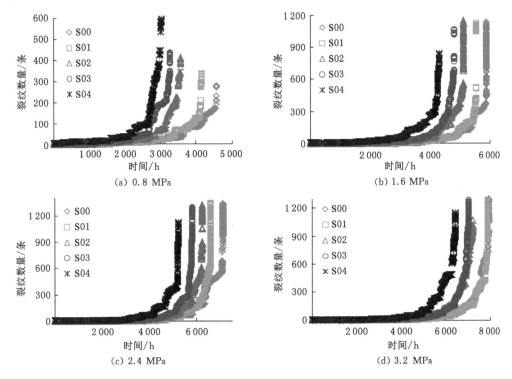

图 4-28　不同围压下各损伤岩样裂纹数量的变化

由图 4-28、表 4-10 至表 4-13 可知:整体上,不同围压下,随着应力水平的提高,裂纹数量不断增加,蠕变破坏前一级荷载作用下产生裂纹数量最多。同一损伤岩样,随着围压的增大,裂纹数量不断减少,低围压(0.8 MPa)时,各损伤岩样在较低应力水平时就会产生微裂纹,损伤程度越高,微裂纹出现时间越早,微裂纹增长速率越快,围压对裂纹的抑制作用不明显,损伤程度越高的岩样,裂纹之间沟通、发育,宏观裂纹的形成越剧烈。中等围压(1.6 MPa、2.4 MPa)下,围压对裂纹发展的阻碍作用增强,连续裂纹产生的应力水平增高,低应力水平下裂纹增长速率较低,当应力水平提高到某一应力值时,裂纹会大量增加,此时蠕变突增。例如,岩样 S00 裂纹突增时的应力水平为 51 MPa,轴向蠕变增加了 $0.012\,8\times10^{-3}$,侧向蠕变增加了 $0.042\,3\times10^{-3}$,体积蠕变增加了 $0.071\,8\times10^{-3}$;岩样 S01 裂纹突增时的应力水平为 51 MPa,轴向蠕变增加了 $0.065\,7\times10^{-3}$,侧向蠕变增加了 $0.143\,8\times10^{-3}$,体积蠕变增加了 $0.201\,3\times10^{-3}$;岩样 S02 裂纹突增时的应力水平为 49 MPa,轴向蠕变增加了 0.036×10^{-3},侧向蠕变增加了 $0.039\,7\times10^{-3}$,体积蠕变增加了 $0.083\,9\times10^{-3}$;岩样 S03 裂纹突增时的应力水平为 49 MPa,轴向蠕变增加了 $0.071\,8\times10^{-3}$,侧向蠕变增加了 $0.313\,5\times10^{-3}$,体积蠕变增加了 $0.524\,1\times10^{-3}$;岩样 S04 裂纹突增时的应力水平为 45 MPa,轴向蠕变增加了 $0.052\,3\times10^{-3}$,侧向蠕变增加了 $0.087\,8\times10^{-3}$,体积蠕变增加了 $0.118\,3\times10^{-3}$。岩样损伤程度越高,岩样裂纹突增应力水平越低,其中以侧向、体积蠕变突变最大。高围压(3.2 MPa)下,围压对裂纹扩展的影响增强,低应力水平时,各损伤岩样裂纹增长较慢,呈现稳定增长趋势,只有达到破坏应力前一级或前两级荷载时裂纹才会出现剧烈增长,此时应变变化较大,但是并没有出现较大的突变,相对于 1.6 MPa、2.4 MPa 时,应变突变率较小。较高围压时,破坏前一级荷载作用下,蠕变过程产生的裂纹数量最多,岩样 S00 破坏前一级荷载产生的裂纹数量为 351 条,岩样 S01 破坏前一级荷载产生的裂纹数量为 431 条,岩样 S02 破坏前一级荷载产生的裂纹数量为 391 条,岩样 S03 破坏前一级荷载产生的裂纹数量为 580 条,岩样 S04 破坏前一级荷载产生的裂纹数量为 490 条。围压会抑制裂纹的增长,对裂纹贯通产生宏观断裂面具有阻碍作用。

表 4-10　0.8 MPa 围压下不同应力条件下裂纹数量　　　　　　单位:条

应力水平/MPa	35	37	39	41	43	45	47	49	50
S00	0	0	3	10	11	20	40	92	破坏
S01	0	0	5	10	15	30	76	破坏	—
S02	1	4	9	13	26	78	破坏	—	—
S03	3	3	12	21	51	210	破坏	—	—
S04	8	14	16	35	97	破坏	—	—	—

表 4-11　1.6 MPa 围压下不同应力条件下裂纹数量　　　　　　单位:条

应力水平/MPa	35	37	39	41	43	45	47	49	51	53	55	56
S00	0	0	0	0	2	5	14	31	64	147	377	破坏
S01	0	0	1	3	4	14	24	37	84	208	破坏	—
S02	3	3	5	8	16	19	35	61	180	61	破坏	—
S03	1	1	2	4	10	17	42	107	423	107	破坏	—
S04	7	8	16	20	36	72	143	419	破坏	—	—	—

表 4-12　2.4 MPa 围压下不同应力条件下裂纹数量　　　单位:条

应力水平 /MPa	35	37	39	41	43	45	47	49	51	53	55	57	59
S00	0	0	0	2	3	4	4	11	23	59	76	201	破坏
S01	0	1	2	3	4	6	9	19	34	61	129	301	破坏
S02	3	3	4	6	8	10	14	29	53	110	247	破坏	—
S03	2	2	3	5	6	8	10	29	46	121	291	破坏	—
S04	7	8	9	10	15	16	47	78	172	400	破坏	—	—

表 4-13　3.2 MPa 围压下不同应力条件下裂纹数量　　　单位:条

应力水平 /MPa	35	37	39	41	43	45	47	49	51	53	55	57	59	61	63
S00	0	0	0	0	2	2	3	4	11	23	47	68	159	351	破坏
S01	1	1	1	2	3	4	6	9	15	29	49	111	186	431	破坏
S02	1	3	3	5	5	7	7	14	25	45	81	165	391	破坏	—
S03	2	2	2	3	4	7	11	13	22	45	92	175	580	破坏	—
S04	4	4	7	8	8	11	18	32	54	121	248	490	破坏	—	—

5 预制裂隙砂岩瞬时力学特性

为了定量评价裂隙几何分布特征对破裂围岩力学特性的影响规律,同时为采取破裂围岩无支护、加锚、注浆、锚注等不同方式加固后再破坏力学特性试验提供基础研究数据,以砂岩完整试样为研究对象,通过在标准试样上预制不同几何分布特征的裂隙制备破裂围岩试样,借助 RMT-150B 岩石伺服力学试验机,研究其在单轴压缩条件下岩桥倾角和岩桥宽度对破裂围岩试样强度及变形力学特性、宏观破坏模式的内在影响规律。借助 RMT-150B 岩石力学试验机对预制裂隙砂岩试样进行单轴压缩试验,定量评价岩桥倾角、岩桥宽度对其强度及变形力学参数的影响规律。

5.1 试样准备及试验方法

试验所用砂岩取自四川资阳,加工成直径为 50 mm、高度为 100 mm 的标准试样。采用改进的 RSG-200 岩石切割机,在标准岩样上预制不同几何分布形态的裂隙。裂隙的几何分布如图 5-1 所示,其中,$2a$ 表示岩桥在水平方向上投影的宽度(岩桥宽度),分别取值 10 mm、15 mm、20 mm、25 mm、30 mm;β 为岩桥与水平方向的夹角,分别取 $0°,30°,45°,60°$;α 为裂隙与水平方向的夹角,取 $\alpha=45°$。共计 20 块试样,记为工况 1~20。

试验采用 RMT-150B 液压伺服刚性试验机,采用位移加载控制模式,加载速率为 0.002 mm/s,试验过程中系统自动采集应力和应变。

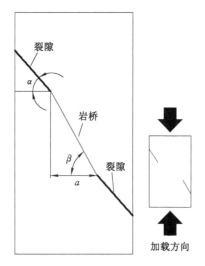

图 5-1 裂隙几何分布示意图

5.2 完整试样力学特性测试

为研究裂隙岩体的力学特性,首先对完整岩样进行单轴压缩试验。为避免试样之间原始空隙的差异对试样力学参数产生影响,首先选取 3 个完整试样进行单轴压缩试验(编号 A1,A2,A3),试验结果如图 5-2 所示。

由图 5-2 可知:所采用岩样的全应力-应变关系曲线总体上可以分为四个阶段:① 压密阶段,该阶段曲线呈现上凹形,表明该砂岩试样内部存在裂隙、孔隙及节理等初始损伤,裂隙、孔隙的闭合使曲线呈现上述形态;② 弹性阶段,该阶段曲线基本呈现直线形,服从胡克定律,该阶段曲线的斜率即弹性模量;③ 塑性阶段,该阶段曲线呈现下凹形,明显表现出应变增大的现象,产生不可逆的塑性变形;④ 峰后应力跌落阶段,该阶段峰值突然跌落,试样随即爆裂破坏,表明该砂岩峰后破坏脆性明显。

试样 A1、A2、A3 的峰值强度 σ_{max} 分别为 70.65 MPa、70.77 MPa、67.46 MPa,平均峰值强度约为 69.63 MPa,离散系数(最大值与最小值之差与平均值比值的百分比)约为 4.75%;3 个完整试样的弹性模量 E 分别为 11.75 GPa、12.10 GPa、11.78 GPa,平均弹性模量约为 11.88 GPa,离散系数为 2.95%;3 个完整试样

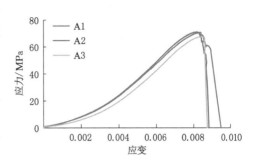

图 5-2 完整试样全应力-应变关系曲线

的割线模量 E_{50}(取 50%峰值强度与原点间连线的斜率作为割线模量)分别为 7.03 GPa、7.11 GPa、6.36 GPa,平均割线模量为 6.83 GPa,离散系数为 11.00%;3 个完整试样的峰值轴向应变 ε_{peak} 分别为 8.34×10^{-3}、8.19×10^{-3}、8.40×10^{-3},平均峰值轴向应变为 8.31×10^{-3},离散系数为 2.53%;3 个完整试样的泊松比 μ 分别为 0.37、0.35、0.33,泊松比的平均值约为 0.35,离散系数为 11.43%。通过以上对比,该试验所用砂岩具有较好的均质性。

5.3 预制裂隙砂岩试样强度特性分析

不同工况下预制裂隙砂岩试样的峰值强度、弹性模量见表 5-1。

表 5-1 不同工况下裂隙砂岩试样的力学参数

工况	$\beta/(°)$	$2a$/mm	σ_{max}/MPa	E/GPa	ε_{peak}/10^{-3}	工况	$\beta/(°)$	$2a$/mm	σ_{max}/MPa	E/GPa	ε_{peak}/10^{-3}
工况 1		10	29.95	6.71	5.87	工况 11		10	26.82	6.37	5.73
工况 2		15	38.56	8.26	6.55	工况 12		15	39.73	8.27	6.79
工况 3	0	20	44.97	9.37	6.06	工况 13	45	20	42.00	8.99	5.74
工况 4		25	57.00	11.10	7.14	工况 14		25	52.92	10.55	7.05
工况 5		30	56.84	11.39	5.88	工况 15		30	54.39	10.87	6.65
工况 6		10	29.08	6.63	6.26	工况 16		10	22.74	5.24	6.29
工况 7		15	38.87	8.11	7.34	工况 17		15	39.90	8.22	6.84
工况 8	30	20	47.75	9.66	6.71	工况 18	60	20	43.34	9.27	6.37
工况 9		25	54.03	10.99	7.22	工况 19		25	50.70	10.12	6.60
工况 10		30	60.00	11.45	7.39	工况 20		30	57.01	11.15	7.80

5.3.1 岩桥宽度对预制裂隙砂岩试样强度特性的影响规律

当岩桥倾角一定时,不同岩桥宽度的预制裂隙砂岩试样峰值强度的变化特征如图 5-3 所示。

由图 5-3 可知:岩桥倾角不变的情况下,随着岩桥宽度的增大,裂隙砂岩试样的峰值强

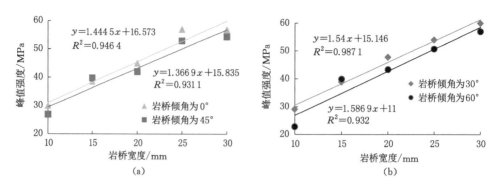

图 5-3 岩桥宽度对预制裂隙砂岩试样峰值强度的影响

度逐渐增大,且符合带常数项的一次函数关系。当岩桥倾角为 0°时,裂隙砂岩试样峰值强度的最大值、最小值分别为 56.84 MPa、29.95 MPa,相比完整试样的峰值强度的降幅分别为 18.36%、56.99%,降幅相差 38.63%;岩桥倾角为 30°时,试样峰值强度的最大值、最小值分别为 60.00 MPa、29.08 MPa,相比完整试样的降幅分别为 13.83%、58.23%,降幅相差 44.4%;岩桥倾角为 45°时,其峰值强度的最大值、最小值分别为 54.39 MPa、26.82 MPa,相比完整试样的降幅分别为 21.88%、61.48%,降幅相差 39.60%;岩桥倾角 60°时,裂隙砂岩试样峰值强度的最大值、最小值分别为 57.01 MPa、22.74 MPa,相比完整试样的降幅分别为 18.12%、67.49%,相差 49.37%。综合对比最小值与最大值的降幅差值可以看出:随着岩桥宽度的增大,岩桥倾角为 60°时,岩桥宽度对裂隙砂岩试样峰值强度的影响最大,岩桥倾角为 0°时,岩桥宽度对裂隙砂岩试样峰值强度的影响最小。

5.3.2 岩桥倾角对预制裂隙砂岩试样强度特性的影响规律

由表 5-1 可知:岩桥宽度为 10 mm 时,随着岩桥倾角的增大,裂隙砂岩试样的峰值强度分别为 29.95 MPa、29.08 MPa、26.82 MPa、22.74 MPa,相比完整试样的峰值强度 69.63 MPa,其降幅分别为 56.99%、58.23%、61.49%、67.34%,随着岩桥倾角的增大,裂隙试样的峰值强度的降幅越来越大,承载能力越来越弱;当岩桥宽度为 15 mm 时,裂隙砂岩试样的峰值强度分别为 38.56 MPa、38.87 MPa、39.73 MPa、39.90 MPa,相比完整试样的峰值强度,其降幅分别为 44.61%、44.17%、42.93%、42.69%,含有不同岩桥倾角的裂隙试样的峰值强度的降幅的差异不明显,其差异在 2%之内,表明当岩桥宽度为 15 mm 时,岩桥倾角对砂岩试样的峰值强度几乎没有影响。

岩桥宽度等于 25 mm 时,裂隙砂岩试样的平均峰值强度随着岩桥倾角的变化如图 5-4 所示,由图可知:随着岩桥倾角的增大,试样的峰值强度逐渐减小,且符合带常数项的一次函数关系。

岩桥宽度为 10 mm、15 mm、20 mm、30 mm 时,裂隙砂岩试样峰值强度如图 5-5 所示。

由图 5-5 可知:岩桥倾角与裂隙砂岩试样峰值强度之间的关系具有不确定性,并未出现随着岩桥倾角的增大,裂隙试样的峰值强度趋于减小的现象,其原因可能是试样破坏模式的差别导致试样峰值强度的变化,但是相对于完整试样,裂隙试样的峰值强度都有所降低。岩桥倾角为 45°时,裂隙砂岩试样的峰值强度最小,分别为 42.00 MPa、54.39 MPa,相对于完

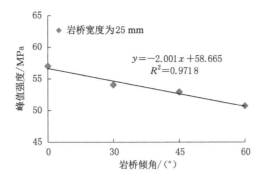

图 5-4　岩桥倾角对裂隙砂岩试样峰值强度的影响

整岩样的峰值强度 69.63 MPa，其降幅分别为 39.68％、21.88％；岩桥倾角为 30°时，裂隙砂岩试样的峰值强度最大值分别为 47.75 MPa、60.00 MPa，相对于完整岩样，其降幅分别为 31.41％、12.83％。

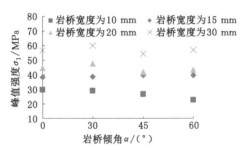

图 5-5　岩桥倾角对裂隙砂岩试样峰值强度的影响

5.4　预制裂隙砂岩试样变形特性分析

5.4.1　岩桥宽度对预制裂隙砂岩弹性模量的影响规律

当裂隙倾角一定时，试样弹性模量同岩桥宽度关系曲线如图 5-6 所示。

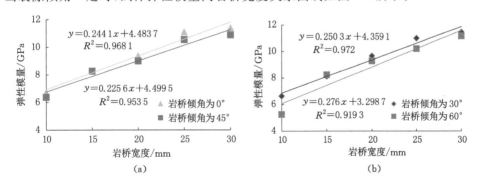

图 5-6　不同岩桥倾角时岩桥宽度对裂隙砂岩试样弹性模量的影响

由图 5-6 可知:当岩桥倾角一定时,随着岩桥宽度的增大,裂隙砂岩试样的弹性模量随之增大,且符合带常数项的一次函数关系。岩桥倾角等于 0°时,随着岩桥宽度的增大,裂隙砂岩试样的弹性模量由 6.71 GPa 增大到 11.39 GPa,其增幅为 41.10%;岩桥倾角为 30°时,随着岩桥宽度的增大,裂隙砂岩试样的弹性模量由 6.63 GPa 增大到 11.45 GPa,其增幅为 42.12%;岩桥倾角为 45°时,随着岩桥宽度的增大,裂隙砂岩试样的弹性模量由 6.37 GPa增大到 10.87 GPa,其增幅为 41.42%;岩桥倾角为 60°时,随着岩桥宽度的增大,裂隙砂岩试样的弹性模量由 5.24 GPa 增大到 11.15 GPa,其增幅为 53.01%。通过对比裂隙砂岩试样弹性模量的增幅可以看出:当岩桥倾角为 0°、30°、45°时,随着岩桥宽度的增大,裂隙砂岩试样的弹性模量增幅相当,增幅仅相差 1%;岩桥倾角为 60°时,随着岩桥宽度的增大,裂隙试样弹性模量增幅明显,表明岩桥倾角 60°时,裂隙砂岩试样弹性模量对岩桥宽度的敏感性最大,随着岩桥宽度的增大,增长速度最快。

5.4.2 岩桥宽度对预制裂隙砂岩割线模量的影响规律

割线模量是指岩石在单向受力条件下,全应力-应变关系曲线上 50% 峰值强度的点与原点连线的斜率,是反映岩石平均刚度的基本力学参数。当岩桥倾角一定时,试样割线模量与岩桥宽度之间的关系曲线如图 5-7 所示。

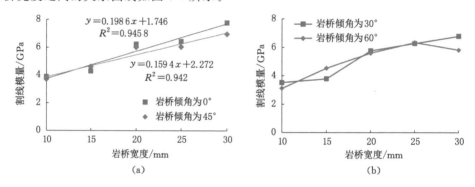

图 5-7 岩桥宽度对裂隙砂岩试样割线模量的影响规律

由图 5-7 可知:岩桥倾角为 0°、45°的裂隙砂岩试样的割线模量随着岩桥宽度的增大逐渐增大,且符合带常数项的一次函数关系。岩桥倾角为 0°时,裂隙砂岩试样最小、最大割线模量分别为 3.88 GPa、7.77 GPa,相比完整试样其值下降幅度分别为 43.19% 和 −13.76%,降幅相差 56.95%;岩桥倾角为 45°时,最小和最大割线模量分别为 3.70 GPa、6.96 GPa,相比完整试样的割线模量,其值降幅分别为 45.82% 和 −1.9%,降幅相差47.72%。岩桥倾角为 30°时,裂隙砂岩试样割线模量随着岩桥宽度的增大逐渐增大,最小、最大割线模量分别为 3.52 GPa、6.79 GPa,相比完整试样,其降幅分别为 48.46% 和2.70%,降幅相差 51.16%;岩桥倾角为 60°时,裂隙砂岩试样的割线模量随着岩桥宽度的增大呈现先增大后减小的变化趋势,其原因可能是岩石内部原有裂隙的差异,造成加载初期试样的应变较大,最大割线模量出现在岩桥宽度为 25 mm 的试样上,其值为 6.34 GPa,相比完整试样的割线模量降幅为 7.17%,最小割线模量为 3.11 GPa,相比完整试样其降幅为54.47%,降幅相差 47.30%。综合以上分析可知:随着岩桥宽度的增大,裂隙砂岩试样的割线模量总体上呈现增大的趋势；随着岩桥倾角的增大，割线模量的降幅差值逐渐减小，表明随着岩桥倾角的增大，岩桥宽度对裂隙砂岩试样割线模量的影响逐渐减小。

5.4.3　岩桥宽度对裂隙试样泊松比的影响规律

岩桥倾角一定时，试样泊松比随岩桥宽度增大的变化规律如图 5-8 所示。

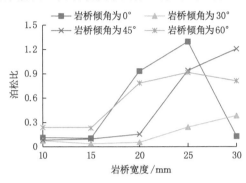

图 5-8　岩桥宽度对裂隙砂岩试样泊松比的影响

岩桥倾角为 0°、60°时，随着岩桥宽度的增大，裂隙砂岩试样泊松比呈现先减小再逐渐增大，后再减小的变化规律；岩桥倾角为 30°、45°时，随着岩桥宽度的增大，裂隙砂岩试样泊松比呈现先减小后逐渐增大的趋势。岩桥倾角为 0°时，裂隙砂岩试样泊松比的最大值、最小值分别为 1.295、0.106，相比完整试样泊松比的降幅分别为 −270.13%、69.64%，降幅相差 339.78%；岩桥倾角为 30°时，裂隙砂岩试样泊松比的最大值、最小值为 0.383、0.038，相比完整试样，其值降幅分别为 −9.45% 和 89.08%，降幅相差 98.53%；岩桥倾角为 45°时，裂隙砂岩试样泊松比的最大值、最小值分别为 1.207、0.084，相比完整试样，其值降幅分别为 −244.85% 和 76.02%，降幅相差 320.87%；岩桥倾角为 60°时，最大值、最小值分别为 0.914、0.231，相比完整试样，降幅分别为 −161.10% 和 33.82%，降幅相差 194.92%。综合对比降幅差值可知：岩桥倾角为 0°或 45°时，裂隙砂岩试样泊松比对岩桥宽度的敏感性较强，岩桥倾角为 30°或 60°时，裂隙砂岩试样泊松比对岩桥宽度的敏感性相对较低。

5.4.4　岩桥倾角对预制裂隙砂岩弹性模量的影响规律

当岩桥宽度一定时，试样弹性模量随着岩桥倾角的变化关系如图 5-9 所示。

由图 5-9 可知：岩桥宽度一定的条件下，裂隙砂岩试样弹性模量随着岩桥倾角的增大，变化幅度和变化规律均不明显。当岩桥宽度为 10 mm、25 mm 时，随着岩桥倾角的增大，裂隙砂岩试样的弹性模量逐渐降低；岩桥宽度为 10 mm 的裂隙砂岩试样弹性模量最大值、最小值分别为 6.71 GPa、5.24 GPa，相比完整试样，降幅分别为 43.51%、55.89%，降幅差为 12.38%；岩桥宽度为 25 mm 的裂隙砂岩试样弹性模量的最大值、最小值分别为 11.10 GPa、10.20 GPa，相比完整试样，降幅分别为 6.57%、14.14%，降幅差为 7.57%。当岩桥宽度为 15 mm、20 mm、30 mm 时，随着岩桥倾角的增大，裂隙砂岩试样的弹性模量仅出现微小波动；岩桥宽度为 15 mm 时，弹性模量最大值、最小值分别为 8.27 GPa、8.11 GPa，相比完整试样，降幅分别为 30.59%、31.73%，降幅差为 1.14%；岩桥宽度为 20 mm 时，最大值、最

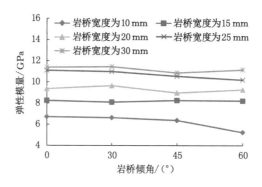

图 5-9　岩桥倾角对裂隙砂岩试样弹性模量的影响

小值分别为 9.66 GPa、8.99 GPa,相比完整试样,其降幅分别为 18.68%、24.33%,降幅差为 5.65%;当岩桥宽度为 30 mm 时,最大值、最小值分别为 11.45 GPa、10.87 GPa,相比完整试样,其降幅分别为 3.60%、8.50%,降幅差为 4.90%。综合对比降幅差值可知:仅当岩桥宽度为 10 mm 时,裂隙砂岩试样的弹性模量随着岩桥倾角的增大逐渐减小,且变化幅度最大,表明此时裂隙砂岩试样的弹性模量对岩桥倾角的变化最敏感;当岩桥宽度大于 10 mm 时,裂隙砂岩试样弹性模量对岩桥倾角变化的敏感性相对较低。

5.4.5　岩桥倾角对预制裂隙砂岩割线模量的影响规律

当岩桥宽度一定时,试样割线模量随着岩桥倾角变化如图 5-10 所示。

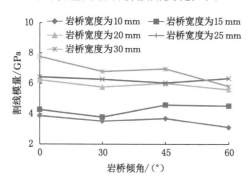

图 5-10　岩桥倾角对裂隙砂岩试样割线模量的影响

由图 5-10 可知:岩桥宽度为 10 mm、15 mm、20 mm、30 mm 时,割线模量随着岩桥倾角的增大呈现先减小、再增大、后再减小的变化趋势;岩桥宽度为 25 mm 时,割线模量随着岩桥倾角的增大,变化幅度并不明显。表明裂隙砂岩试样岩桥宽度一定时,岩桥倾角对其割线模量的影响具有不确定性。

岩桥宽度为 10 mm 的裂隙砂岩试样割线模量的最大值、最小值分别为 3.88 GPa、3.11 GPa,相比完整试样,其降低幅度分别为 43.19%、54.47%,降幅差为 11.28%;岩桥宽度为 15 mm 时,最大值、最小值分别为 4.59 GPa、3.79 GPa,相比完整试样,降幅分别为 32.80%、44.51%,降幅差为 11.71%;岩桥宽度为 20 mm 时,最大值、最小值分别为 6.23 GPa、5.60 GPa,相比完整试样,降幅分别为 8.78%、18.01%,降幅差为 9.23%;岩桥宽度为 25 mm 时,最大值、最小值分别为 6.43 GPa、6.04 GPa,相比完整试样,其降幅分别为 5.86%、11.57%,降幅差为 5.71%;岩桥宽度为 30 mm 时,最大值、最小值分别为 7.77 GPa、5.82 GPa,相比完整试样,其降幅分别为−13.76%、14.79%,降幅差为 28.55%。由以上分析可知:岩桥宽度为 30 mm 时,裂隙砂岩试样的割线模量对岩桥倾角变化敏感性最强;岩桥宽度为 25 mm 时,敏感性最弱;岩桥宽度为 10 mm、15 mm 的裂隙砂岩试样,敏感性相当。

5.4.6　岩桥倾角对裂隙试样泊松比的影响

岩桥宽度一定时,裂隙砂岩试样泊松比随岩桥倾角的变化如图 5-11 所示。

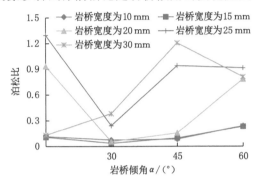

图 5-11　岩桥倾角对裂隙砂岩试样泊松比的影响

由图 5-11 可知:当岩桥宽度为 10 mm、15 mm、20 mm 时,随着岩桥倾角的增大,裂隙砂岩试样的泊松比呈现先减小后逐渐增大的趋势,最小值分别为 0.075、0.038,相比完整试样泊松比 0.35,泊松比的降幅分别为 78.45%、89.08%;岩桥宽度为 10 mm 的裂隙试样泊松比最大值为 0.239,相比完整试样泊松比降幅为 31.67%,最大值、最小值降幅相差46.78%;岩桥宽度为 15 mm 的裂隙砂岩试样泊松比最大值为 0.232,相比完整试样泊松比降幅为 33.82%,最大值、最小值降幅相差 55.26%;岩桥宽度为 20 mm 时,裂隙试样泊松比的最大值、最小值分别为 0.933、0.056,相比完整试样泊松比的降幅分别为−166.45%、83.96%,降幅相差 250.41%。岩桥宽度为 25 mm、30 mm 的裂隙砂岩试样泊松比,随着岩桥倾角的变化呈现先减小再增大后再减小的变化规律,最大值、最小值分别为 1.295、0.243,相比完整试样泊松比降幅分别为−270.13%、30.54%,降幅相差 300.67%;岩桥宽度为30 mm 时,裂隙砂岩试样泊松比最大值、最小值分别为 1.207、0.131,相比完整试样的降幅分别为−244.85%、60.61%,降幅相差 307.64%。对比不同试样降幅差值可知:岩桥宽度越大,试样泊松比对岩桥倾角越敏感。

5.4.7　宏观破坏模式分析

含不同裂隙几何状态的砂岩试样在单轴压缩条件下的宏观破坏模式各不相同,从整体来看,裂隙砂岩试样以剪切破坏、拉伸破坏、拉剪组合破坏三种破坏模式为主,如图 5-12 所示。

岩桥宽度为 10 mm 的裂隙砂岩试样,因试样的岩桥宽度较小,强度较低,破坏速度快,试验过程中并未获取裂隙的发育扩展过程,但是其破坏模式以剪切破坏为主,如图 5-12(a)

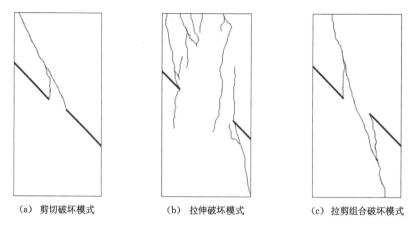

（a）剪切破坏模式　　　　（b）拉伸破坏模式　　　　（c）拉剪组合破坏模式

图 5-12　裂隙砂岩试样单轴压缩破坏模式（部分）

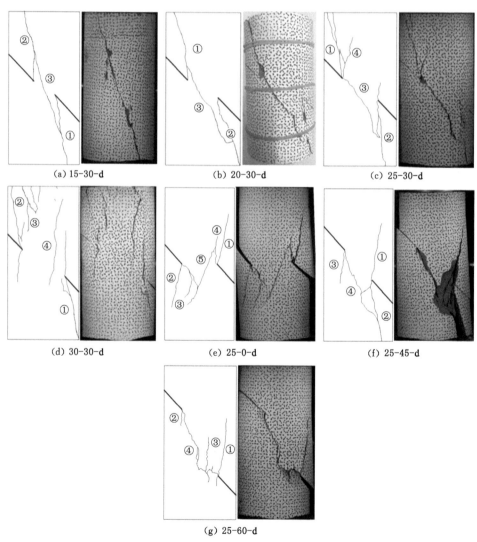

（a）15-30-d　　　　　　（b）20-30-d　　　　　　（c）25-30-d

（d）30-30-d　　　　　　（e）25-0-d　　　　　　（f）25-45-d

（g）25-60-d

图 5-13　不同裂隙几何状态下的裂隙岩样破坏模式

所示。岩桥宽度为 15 mm、20 mm 的裂隙砂岩试样,其破坏模式均为拉剪破坏,如图 5-13
(a)和图 5-13(b)所示;岩桥宽度为 25 mm 的裂隙砂岩试样,其破坏模式也为拉剪破坏,如
图 5-13(c)所示;岩桥宽度为 30 mm 的裂隙砂岩试样,其破坏模式以拉伸破坏为主,如
图 5-13(d)所示。由以上分析可知:随着桥宽度的增大,裂隙砂岩试样的破坏模式由剪切破
坏模式经过拉剪组合破坏模式后逐渐向拉伸破坏模式过渡,当岩桥宽度为 10 mm 或 30 mm
时,试样的破坏模式均相对比较简单,为剪切破坏或拉伸破坏,当岩桥宽度为 15 mm、
20 mm、25 mm 时,试样破坏模式相对较为复杂,以拉剪破坏为主。

　　岩桥倾角为 0°的裂隙砂岩试样,其破坏模式以拉剪破坏为主,如图 5-13(e)所示;岩桥倾
角为 30°、45°的裂隙砂岩试样,其破坏模式基本相同,如图 5-13(c)和图 5-13(f)所示,仍然以
拉剪破坏模式为主,相比岩桥倾角为 0°的裂隙砂岩试样,裂纹数目较少,破坏形式较为简
单;岩桥倾角为 60°的裂隙砂岩试样,其破坏模式以剪切破坏为主,贯通模式较为简单,如
图 5-13(g)所示。由以上分析可知:随着岩桥倾角的增大,裂隙砂岩破坏模式由拉剪破坏模
式逐渐向剪切破坏模式过渡。

6 锚固预制裂隙砂岩力学特性

设计破裂围岩锚注一体化试验系统,制备出试验所用破裂围岩、锚固体、注浆加固体、锚注加固体试样;采用 RMT-150B 岩石力学试验机对制备的各试样进行单轴及锚注加固体有侧向被动约束下再加载破坏试验。基于试验数据的综合对比分析,系统获得各试样再次加载破坏的力学特性、承载特性及声发射特性,自由面位移场及应变场、锚杆端部及内部杆体轴向力、侧向被动约束力等演化规律。选取合适的参数作为破裂围岩加固系数,定量评价各加固对破裂围岩力学性能参数强化的规律,揭示加锚、注浆、锚注对破裂围岩力学特性的内在加固机理。

6.1 模型加载及约束装置

模型加载及约束装置包括实验室现有的 RMT-150B 岩石力学试验系统和三维岩体约束装置,如图 6-1 所示。三维岩体约束装置由 25 mm 厚钢板组成,顶板、后板长×宽均为 300 mm×200 mm,侧板长×宽为 470 mm×310 mm,底板长×宽为 400 mm×320 mm,侧板的约束作用通过 4 根直径为 35 mm 的螺栓提供,通过压力传感器实时监测侧板约束力。

加锚系统主要包括钻眼工具、模型锚杆的选择及安装方法。钻眼工具选择手持式电钻,配直径为 8 mm、长度为 280 mm 的钻头进行锚杆孔的钻设,如图 6-2 所示。模型锚杆拟选择直径为 5 mm 的铝棒,其拉伸荷载-位移关系曲线如图 6-3 所示,其拉伸破断力约为 5.58 kN。

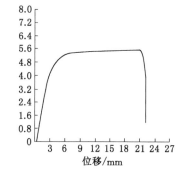

图 6-1 模型加载及约束装置　　　图 6-2 钻眼工具　　　图 6-3 铝棒拉伸荷载-位移关系曲线

对铝棒进行开槽(便于粘贴应变片)、端部套丝、配托盘和螺母,采用全长锚固方式安装锚杆,锚杆自由端固定方式为托盘螺母固定,同时端部安装测力环(图 6-4),并在锚杆开槽内等间距布设应变片,分别用于锚杆轴向端部受力和杆体轴向受力的量测。锚杆托盘采用 20 mm×20 mm×2 mm 抗电阻玻璃纤维板(图 6-5)。锚固剂采用环氧树脂和乙二胺,采用乙二胺作为固化剂,固化环氧树脂(图 6-6)。

图 6-4　锚杆端部测力环　　　　图 6-5　模型托盘　　　　图 6-6　锚固剂(环氧树脂和乙二胺)

注浆加固试验系统主要由注浆系统、制浆系统、破裂围岩注浆约束装置和注浆压力显示装置组成,详见图 6-7。

 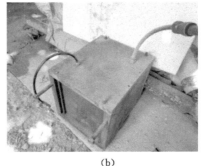

(a)　　　　　　　　　　　　(b)

图 6-7　注浆加固试验系统

注浆系统由手动注浆泵和高压输浆管等组成,浆液用搅拌桶通过人工搅拌制取;破裂围岩注浆约束装置采用三维钢结构加工制成,充填尺寸为 210 mm×210 mm×210 mm,由 6 块开有密封槽的钢板通过螺丝钉和精钢螺栓拼装而成,方便拆卸和重复利用,采用硅胶垫完成密封槽(灰色部分)密封,装置顶部设有注浆孔和排气孔。注浆约束装置各侧板及密封槽设计如图 6-8 所示。

其中顶、底板设计几乎一样,只是底板没有注浆孔和排气孔,其余各侧板设计一样。结合目前现场主要注浆材料的应用情况,选择水泥浆进行注浆加固试验研究。注浆过程:手动注浆系统由人工提供动力,来回按压杠杆将搅拌桶内的浆液通过注浆系统注入破裂围岩注浆约束装置内,注浆压力表可以显示注浆压力示数。

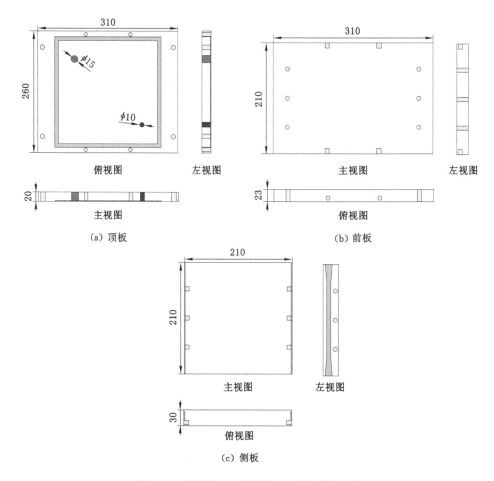

图 6-8　注浆加固系统各侧板及密封槽设计图

6.2　试验数据采集系统

在物理模型试验中,试验的关键是对试验过程中数据的采集和准确获取。此次模型试验过程需要采集试样所受载荷、各个方向的位移和应变以及破坏过程中的声发射等数据,为保证试验数据的精确性,采用多种设备、多台电脑同步采集,主要设备包括 XL210 静态电阻应变仪、数显千分表(量程为 $0\sim25.4$ mm)、DSS 系列声发射分析仪、数字图像相关(DIC)技术分析系统,试验时各设备采集时间和频率设置一致。锚、注一体化试验系统试验数据采集系统详见图 6-9。

6.2.1　试样轴向荷载、位移数据采集

模型试样轴向荷载和轴向位移数据采用 RMT-150B 岩石力学试验系统自带荷载、位移传感器自动获取、记录、存储。

（a）数据采集记录系统

（b）XL210静态电阻应变仪

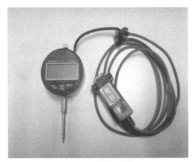
（c）数显千分表

（d）DSS系列声发射分析仪

图 6-9　试验数据采集系统

6.2.2　试样侧向约束荷载数据采集

模型试样侧向约束荷载采用丹阳市华诚土木工程仪器厂定制的 LY-350 型压力传感器（图 6-10），其量程为 500 kN，该压力传感器为应变式，试验过程中采用 XL210 静态电阻应变仪记录加载过程中压力传感器的应变值，通过应变-荷载标定曲线求取试样加载过程中的侧向约束荷载。试验前采用 RMT-150B 岩石力学试验系统对侧向压力传感器进行标定，将所得标定结果与厂家标定结果分析对比，以便校正压力传感器。标定试验和标定曲线如图 6-11 所示。

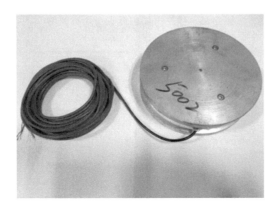

图 6-10　侧向压力传感器

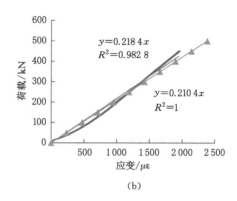

| (a) | (b) |

图 6-11 压力传感器自主标定试验及应变-荷载标定结果

6.2.3 试样自由面试验数据采集

试样自由面(临空面、锚固面)位移数据采用量程为 0～25.4 mm 的数显千分表 [图 6-9(c)]及配套的采集、记录系统获取。试样加锚加固时,模型锚杆端部受力采用测力环(图 6-10)、模型锚杆内部不同位置受力采用相应位置刻槽粘贴应变片(图 6-12),同时配合使用 XL210 静态电阻应变仪采集记录加载过程中测力环和各应变片的应变数据,通过应变-荷载关系,获得锚杆端部受力和锚杆内部不同位置处的受力情况。XL210 静态电阻应变仪数据设置及采集界面详见图 6-13。

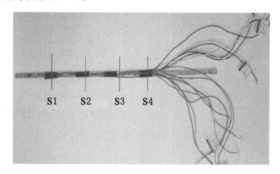

图 6-12 锚杆内部各段应变片布置图

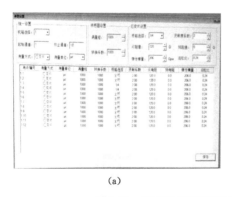

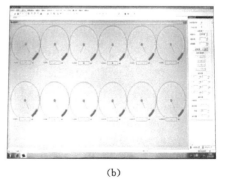

| (a) | (b) |

图 6-13 XL210 静态电阻应变仪数据设置及采集界面

采用高速摄像系统(图 6-14)以及数字图像相关(DIC)分析技术(图 6-15)获取加载过程中各试样自由面(临空面、锚固面)表面位移场、应变场、裂隙扩展、贯通发展及加固对破裂围岩初始裂隙扩展的阻裂等规律。

图 6-14　高速摄像系统

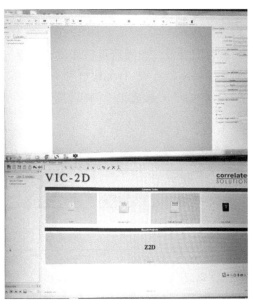

图 6-15　数字图像相关分析系统采集及分析界面

6.2.4　声发射数据采集

材料在受载变形破坏过程中,原有裂隙和微裂隙的发展会引起其内部质点的弹性振动,产生声波或者超声波,即声发射现象(AE)。对岩石材料声发射特性的研究可以有效地探讨岩石的破裂、破坏过程以及岩石损伤、内部裂隙扩展演化和断裂等。

此次模型试验中,使用 2 个声发射探头,分别布置在约束钢板的左右两侧,用黄油作为耦合剂,同时采用 DSS 系列声发射分析仪对破裂围岩再破坏过程中声发射数据进行监测记录,研究试样内部裂隙扩张情况。DSS 系列声发射分析仪测试参数设置及采集界面如图 6-16所示。

(a)

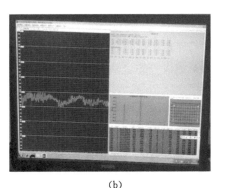

(b)

图 6-16　声发射数据设置及采集界面

6.3 试验设计

6.3.1 试验方案

破裂围岩锚注加固后再破坏试验选取加固方式作为主控因素。通过采用不同水灰比的水泥浆液黏结碎石块、有无锚杆和有无侧板(侧向约束)进行破裂围岩无加固、加锚加固、注浆加固、锚注加固及锚注＋侧向约束加固5种工况下的综合对比试验。总体试验方案设计详见表 6-1。

表 6-1 总体试验方案设计

加固方式	试样编号	侧向约束初始预紧力/kN	锚杆端部初始预紧力/kN
无加固	1-1#		
	1-2#		
	1-3#		
锚固	2-1#		0.020
	2-2#		0.003
	2-3#		0.017
注浆	3-1#		
	3-2#		
	3-3#		
锚注	4-1#		0
	4-2#		0
	4-3#		0.020
锚注＋侧向约束	5-1#	28.166	0.017
	5-2#	42.88	0.095
	5-3#	30.898	0.014

6.3.2 试样制备

选取工程现场掘进所出矸石,室内破碎至小块,筛分选取粒径为 10～25 mm 的小块模拟破裂围岩结构中的岩块,选用水灰比为 1.5 的 325# 水泥浆模拟破裂围岩结构中的软弱胶结面,采用 200 mm 的方形模具浇筑制备破裂围岩试样。具体操作过程为:首先,根据所设计水灰比和方形磨具容积(图 6-17),采用电子秤称取所需的水泥、水(自来水)以及碎石块,采用手持电动搅拌器(图 6-18)对水泥加水搅拌,使水泥浆液材料混合均匀,制备出所需水泥浆液;然后,将水泥浆液倒至组装好的尺寸为 200 mm 的方形模具高度的一半,将已称重好的碎石块装入水泥浆液,待碎石块露出浆液面后继续添加水泥浆液,接着继续往浆液中放剩余质量的碎石块;最后,添加水泥浆液使试样表面平整,方形试样成型后(1 d 左右)拆除模具,自然养护 7 d 后制备出试验所用破裂围岩试样。

图 6-17 方块模具

图 6-18 手持电动搅拌器

采用前述设计的加锚系统对制备的破裂围岩试样安设锚杆,具体步骤为:首先,对所选用的直径为 5 mm 的铝棒进行棒体开槽和端部套丝;然后,在棒体开槽处粘贴应变片,并对应变片进行编号;最后,在试样上钻孔,称量环氧树脂和乙二胺,孔内注射锚固剂,布设模型锚杆,即可制备得到破裂围岩锚固体试样。采用 RMT-150B 岩石力学试验系统对制备的破裂围岩试样位移控制模式单调加载至残余强度阶段完全破坏,将破坏后的试样全部装入前述设计的注浆加固系统约束装置,对其注入水灰比为 0.5 的 325# 水泥浆,制备得到注浆加固体试样。在制备的注浆加固体试样基础上,采用加锚系统对其安设锚杆后即可制备得到锚注加固体试样。

6.3.3 试验过程

采用 RMT-150B 岩石力学试验系统分别对破裂围岩试样、锚固体、注浆加固体和锚注加固体再破坏力学性能进行测试,加载方式均采用轴向位移控制模式。主要包括破裂围岩无加固、破裂围岩锚固加固、注浆加固、锚注加固试样侧向无约束压缩试验以及锚注加固体试样侧向有约束压缩试验。有侧向约束试验时,为了获取试样加载破坏过程中侧向约束力的变化,在模型试样一侧布设定制的压力传感器(图 6-10),与模型试样间通过钢板刚性接触。

破裂围岩锚注加固后再破坏试验总体试验步骤为：

（1）对试样自由面进行散斑处理。具体步骤为：首先，采用细砂纸对试样测试观测面进行打磨，确保其表面平整；然后，采用水彩在试样观测面制作一层白色的底膜；最后，待底膜晾干，用印刷板粘上油墨后按压至白色底膜上，换不同方向继续按压，直至散斑点区域占据整个观测面区域的一半左右。

（2）侧向钢板被动约束力及锚杆受力采集系统布设。侧向压力传感器和测力环在 XL210 静态电阻应变仪上采用全桥方式连线，应变片在 XL210 静态电阻应变仪上采用四分之一桥方式连线，将 XL210 静态电阻应变仪与电脑连接。

（3）安装三维岩体约束装置（有侧向约束试验时）和施加锚杆初始预紧力。采用螺栓连接左右两侧钢板，借助扳手不断调节连接侧向钢板螺栓上的螺母和锚杆上的螺母来施加侧向约束初始预紧力和锚杆端部初始预紧力，使用 XL210 静态电阻应变仪记录侧向压力传感器初始受力和锚杆端部测力环初始受力。

（4）自由面位移传感器安设。通过磁性底座安装数显式千分表，采用数据传输线连接至电脑，调至数据采集控制界面，调整初始示数为 0。

（5）声发射监测系统布设。采用 2 个声发射探头，分别布置在模型试样左右两侧（有侧向约束时布置在约束钢板表面），用黄油作为耦合剂，采用数据线连接至 DSS 系列声发射分析仪，并连接至控制电脑，设置相关参数调至控制界面。

（6）自由面应变场、位移场及裂隙扩展过程监测系统布设。在自由面（临空面、锚固面）正前方布设 1 台高速摄像仪，并在左右两侧配置两台补光灯，将高速摄像仪连接至控制电脑，设置采集参数，并调至控制界面。

（7）再次确认各数据采集设备正常，并已成功连接至电脑，各数据采集系统的参数设置完毕且正确。启动数据采集系统，实现数据同步采集。

（8）采用轴向位移控制模式（加载速率为 0.02 mm/s）对模型试样进行单调加载，直至试样残余强度阶段完全破坏。

（9）试验结束后保存试验数据，拆解各数据采集系统，拆分侧向约束装置，取出破坏试样拍照，并对其分块或切割，观察锚杆和各试样内部破坏形态。

6.4　裂隙砂岩加固后破坏承载特性分析

破裂围岩及采用不同加固方式加固后的试样，采用 RMT-150B 岩石力学试验系统对其进行再加载破坏试验，获得各试样轴向应力、侧向传感器与锚杆端部测力环荷载值随试样轴向应变的变化规律，详见图 6-19 至图 6-23。

由图 6-19 可知：裂隙砂岩无加固时再加载破坏全应力-应变关系曲线总体可分为初始压密、线弹性变形、塑性屈服、峰后应变软化四个阶段。此次制备的破裂围岩试样近似块体结构，受载初期以块体间软弱结构面承载为主，初始压密阶段不明显。进入线弹性阶段后，破裂围岩试样内部的微裂隙稳定发展，试样处于稳定承载阶段，承载结构变形与其荷载间近似为线弹性。随着轴向荷载的继续增大，试样内部的微裂隙不断出现，并向平行于加载方向的竖向扩展、贯通，试样表面出现局部剥离，试样承载结构出现不可逆的变形，单位荷载应变量逐渐增大，表现为应力-应变关系曲线的上凸。当破裂围岩试样承载结构变形发展到临界

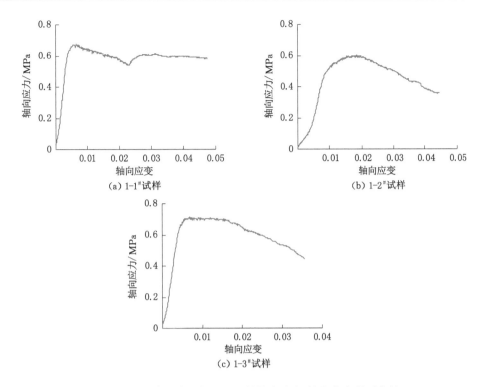

图 6-19   裂隙砂岩无加固时试样轴向应力-轴向应变关系曲线

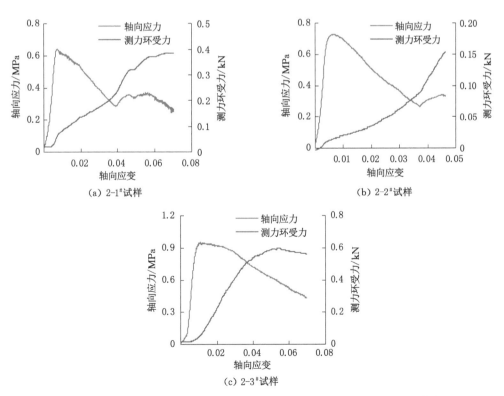

图 6-20   裂隙砂岩锚杆加固试样轴向应力-轴向应变-测力环受力关系曲线

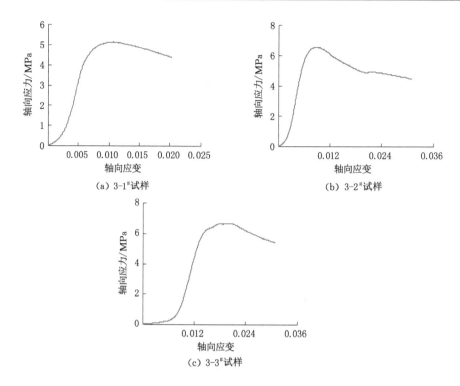

图 6-21　裂隙砂岩注浆加固试样轴向应力-轴向应变关系曲线

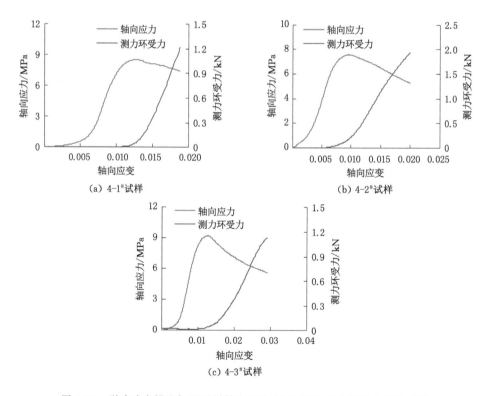

图 6-22　裂隙砂岩锚注加固试样轴向应力-轴向应变-测力环受力关系曲线

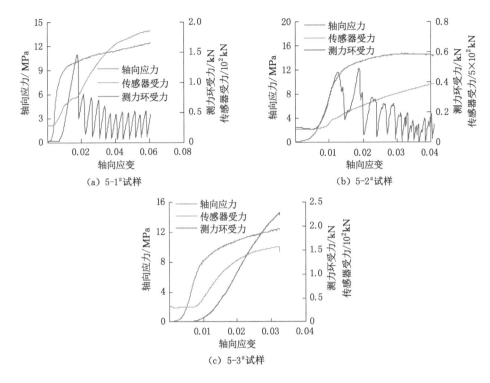

图 6-23 有侧向约束锚注加固试样轴向应力-轴向应变-测力环、传感器受力关系曲线

点(峰值点),试样竖向出现明显的局部剥离破坏,其承载结构发生质变,其后承载力主要由未完全发生竖向剥离破坏的"核心承载体"承载,随着变形的增加,"核心承载体"继续剥离破坏,其承载能力逐渐降低(不同试样降低幅度存在差异),峰后破坏具有明显的延性。

由图 6-20 可知:裂隙砂岩锚杆加固试样全应力-应变关系曲线与无加固条件下相比,峰前初始压密阶段基本一致,均表现为初始压密现象不明显。岩样承载结构变形由于受到锚杆的加固约束作用,相比无加固条件下,线弹性阶段单位变形承载能力提高,应力-应变关系曲线上表现为直线段斜率的增大。在锚杆加固约束作用下,试样在达到承载结构临界点(峰值点)累计发生的变形相对无加固时减小。承载结构变形达到临界点后,锚杆对其变形初始约束作用减弱,锚杆有效加固区域以外的承载结构竖向局部剥离破坏加剧,单位变形承载能力相对减弱,其峰后延性破坏特性较无加固时变弱。随着加载的继续,岩样承载结构继续发生变形,锚杆的约束作用逐渐增强,其变形也逐渐由弹性变形阶段过渡到屈服阶段,当承载结构的变形转变为由锚杆的变形主控时,由于锚杆对变形的抵抗,承载能力出现提高的现象。

由图 6-21 可知:裂隙砂岩注浆加固试样全应力-应变关系曲线总体也可以分为初始压密、线弹性变形、塑性屈服、峰后应变软化四个阶段。但各阶段与无加固及锚杆加固条件下相比不尽相同。由于注浆加固试样由破裂围岩加载破坏后通过注浆浆液再胶结制备,试样内部已存在较多微破裂面,致使初始压密阶段明显。随着荷载的增大,试样原有微裂隙被逐渐压密,其承载结构逐渐稳定承载,由于注浆浆液的强度(水灰比为 0.5)明显高于原软弱胶结面的强度(水灰比为 1.5),注浆加固重新胶结的破裂面强度明显提高,加之原破裂围岩未破坏部分也受到首次加载时的承载能力强化,由二者重新组成的岩样承载结构抵抗变形的能力和极限承载力均得到提高,应力-应变关系曲线上表现为线弹性阶段直线斜率的增大,峰前屈服阶段的延长以及峰值强度的提高。同样,由于原破裂围岩"核心承载体"受到强度明显提高的注浆浆液的加固,其重新加固后形成的"核心承载体"单位变形抵抗荷载的能力提高,峰后应变软化特性增强,岩样延性破坏特征更加明显。

由图 6-22 可知:裂隙砂岩锚注加固试样全应力-应变关系曲线总体特征与无加固条件下的相比,兼具注浆加固、加锚加固条件下全应力-应变关系曲线的双重特征。即初始压密阶段明显,线弹性阶段直线斜率增大,峰前屈服阶段延长以及极限承载力提高。相比无加固、锚杆加固、注浆加固,峰后应变软化特性与无加固时相当,与锚杆加固时相比明显增强,相比注浆加固时稍许减弱。其内在原因同前述分析,这里不再累述。

由图 6-23 可知:破裂围岩有侧向约束锚注加固试样全应力-应变关系曲线总体可分为初始压密、线弹性变形、屈服后应变硬化三个阶段。初始压密以及峰前屈服阶段相比无加固及锚杆加固时均较明显,极限承载力相比其他条件下的均有不同程度的提高。线弹性变形阶段直线段的斜率相比无加固、加锚加固时明显增大,但相比注浆加固、无侧向被动约束锚注加固时略有增大。随着轴向荷载的增大,侧向压力传感器及锚杆测力环数值稳步增大,试样侧向及自由面(加固面)受到的被动约束作用稳步增强,二者有效地限制了试样承载结构的变形,试样在经历线弹性变形阶段后并未出现承载力降低,而是出现了明显的应变硬化现象。5-1#、5-2#试样相比 5-3#,二者承载结构变形到一定阶段,受自由面变形膨胀的影响,其锚杆螺母均出现了脱丝现象,随着加载继续,锚杆螺母逐渐脱丝,表现为锚杆端部量力环数值的锯齿状波动。两个试样受到锚杆螺母脱丝的影响,自由面锚杆的被动约束作用相比5-3#试样的减弱,表现为应变硬化阶段应力-应变关系曲线的曲率低于 5-3#试样的。

6.5 声发射特征分析

破裂围岩及各加固试样在加载破坏过程中声发射振铃计数和累计声发射振铃计数与加载时间的关系曲线如图 6-24 至图 6-28 所示。

由图 6-24 可知:破裂围岩无加固条件下再破坏试验,初始压密阶段,轴向应力-加载时间曲线出现上凹,应力速率逐渐增大,此阶段伴随有声发射现象,试样初始压密现象越明显,声发射现象越显著,主要由试样内部初始微裂隙及空隙受压闭合所致。随着轴向应力的缓慢增大,进入弹性阶段,轴向应力-加载时间关系曲线呈现近似直线状,应力速率变化恒定,此阶段前期伴随着明显的声发射现象,随着加载时间逐渐减弱,后期声发射现象不明显。分析原因可能为:弹性阶段初期,破裂围岩试样内部碎石块咬合程度不高,出现些许错动并产生少量声发射事件,发展到一定阶段,碎石块咬合程度高,不易产生错动,声发射事件不明显。自屈服点至峰值点,试样承载结构稳定承载,对比整个加载过程,该阶段试样声发射事件数最少。随着加载时间的持续,试样自峰值点后进入非稳定承载阶段,内部裂隙不断扩展、贯通,局部发生剥离破坏,声发射现象越来越显著,累计振铃计数逐渐增加。

由图 6-25 可知:破裂围岩锚杆加固条件下再破坏试验,初始压密阶段,各试样均伴随不同程度的声发射现象,原因同前述分析。相对来说,2-2#试样不太明显,仅有少量声发射事件,2-1#试样最明显。随着加载时间的持续,自线弹性阶段起点至峰值点,不同试样声发射

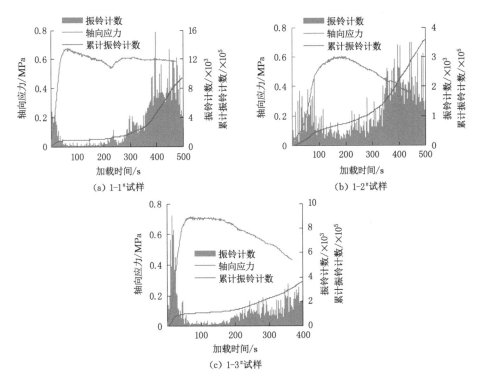

图 6-24　裂隙砂岩振铃计数及累计振铃计数-时间-应力关系曲线

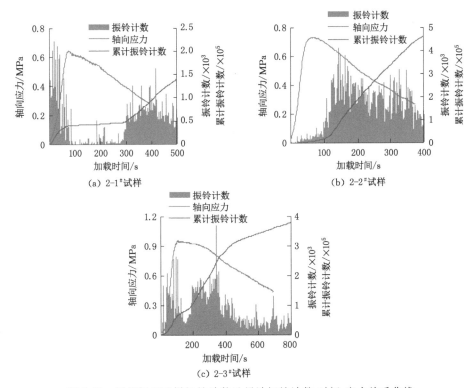

图 6-25　锚杆加固试样振铃计数及累计振铃计数-时间-应力关系曲线

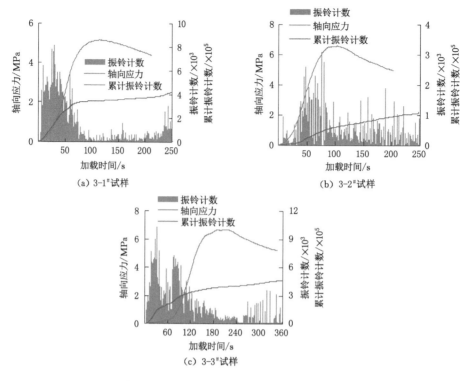

图 6-26　注浆加固试样振铃计数及累计振铃计数-时间-应力关系曲线

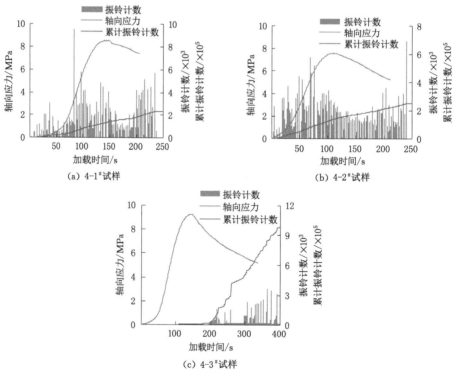

图 6-27　锚注加固试样振铃计数及累计振铃计数-时间-应力关系曲线

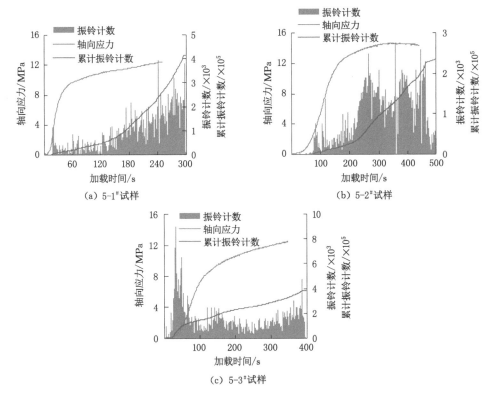

图 6-28 有侧向约束锚注试样振铃计数及累计振铃计数-时间-应力关系曲线

事件数变化规律稍有差异,2-1#试样声发射事件数逐渐减弱,而 2-2#及 2-3#试样声发射事件数逐渐增加。自峰值点至试验结束,各试样声发射事件数不尽相同,2-1#试样自峰值点至峰后中期,声发射事件数总体处于较低水平,自峰后中期几乎稳步增加。而 2-2#试样及2-3#试样自峰值点开始,声发射事件数加速增加,至峰后中期,增速变慢,2-3#试样表现得更加明显。总体分析来看,破裂围岩锚杆加固后再破坏试验,全过程中各试样声发射事件数变化规律存在差异,原因可能为:自由面被锚杆加固后,其变形受到锚杆加固的约束,各试样锚杆加固约束作用和效果不尽相同,而锚杆的加固约束又直接影响试样变形破裂,进而影响加载破坏过程中的声发射事件数。

由图 6-26 可知:破裂围岩注浆加固条件下再破坏试验,初始压密阶段,由于注浆加固试样由破裂围岩加载破坏后通过注浆浆液再胶结制备,试样内部已存在较多微破裂面,再次受载后微破裂面闭合,致使试样的声发射事件数明显增加。对于 3-1#和 3-3#试样来说,整个加载过程,初始压密阶段的声发射事件最显著;自线弹性起点至峰值点,随着荷载的增大,试样承载结构微破裂面数逐渐减小,声发射事件数也逐渐减小;峰值点后,随着加载时间的持续,试样的承载结构逐渐破坏,声发射事件数相对稳定增长,至峰值点后破坏的后期,声发射事件数有加速增加的趋势。而对于试样 3-2#来说,相对而言初始压密阶段的声发射事件数并不显著,线弹性阶段声发射事件数明显增加,在整个加载过程中最为活跃,之后至试验结束,总的声发射事件数稳步增加。分析原因可能为:由于试样均质性的影响,致使岩样承载结构不尽相同,试样内部的微裂隙闭合或张开的启动应力不同,若岩样承载结构初始状态较稳定,其微裂隙闭合或张开的启动应力就大,加载初期低荷载作用下试样内部微裂隙不会闭合或张开(如 3-2# 试样),随着加载时间的持续,当荷载增大到一定程度,内部微裂隙开始闭合或张开,伴随出现声发射现象;反之则声发射现象出现较早(如 3-1# 试样和 3-3# 试样)。

由图 6-27 可知:破裂围岩锚注加固后再破坏试验,在进行 4-3# 试样试验时,由于操作失误致使声发射探头与试样表面未能有效接触,未准确获取加载过程中的声发射数据,这里仅对另外两个试样的声发射特征进行分析。4-1# 试样、4-2# 试样:初始压密阶段,同样由于初始裂隙面的受载闭合,伴随有较明显的声发射现象。线弹性阶段,随着荷载的稳步增大,试样内部的微裂隙稳步滋生、扩展,其承载结构相对稳定变形,声发射事件数稳定增加。自屈服点起至峰值点,岩样承载结构局部破裂进入相对潜伏期,以发生不可逆的塑性变形为主,相应的声发射事件数逐渐减小。自峰值点后,累计声发射事件数首先近似等速增加,当其承载结构变形到一定程度时,新的局部破裂重新启动,累计声发射事件数随之加速增加。

由图 6-28 可知:破裂围岩锚注加固后,在有侧向被动约束的条件下,由于注浆加固,加之侧向钢板以及自由面锚杆加固的双重被动约束,在初始压密阶段,试样的声发射事件数总体较少(5-3# 试样初始压密阶段末期声发射事件数明显增大)。在多重加固作用下,线弹性阶段,岩样承载结构相对处于稳定承载状态,局部破裂很少发生,累计声发射事件数基本上等速少量增加。自进入应变硬化阶段后,5-1# 及 5-2# 试样由于锚杆螺母的不断脱丝,自由面锚杆加固被动约束的效果越来越差,致使试样内部局部破裂程度逐渐提高,累计声发射事件数随即等速增加,直至试验结束。5-3# 试样,整个加载过程中自由面锚杆加固效果一直较好,除了在压密阶段的末期,声发射事件数加速增加外,其后至试验结束,累计声发射事件数基本处于等速增加状态。

6.6　试样自由面云图分布、起裂特征及破坏模式分析

试验前,对试样观测面(自由面、锚杆加固面)进行散斑处理;试验过程中,采用高速摄像仪,配合 DIC 系统对试样观测面进行监测和采集;试验结束后,采用数字图像相关分析软件对试样观测面位移和应变进行处理分析,得到不同加固条件下,加载初期试样观测面 X、Y 方向位移云图、裂隙产生前试样观测面应变云图、试样观测面裂隙分布图以及试样观测面最终破坏形态,如图 6-29 至图 6-33 所示。

由图 6-29 可知:破裂围岩无加固条件下再加载破坏试验,加载初期,通过试样自由面 X 轴、Y 轴方向的位移云图可知试样处于均匀变形阶段,X 轴方向的位移等值线方向与加载方向近似成 30°,未出现局部增大现象,试样右上部分(约 3/4 范围)向右侧发生侧向膨胀变形,左下部分(约 1/4 范围)向左侧发生侧向膨胀。Y 轴方向的位移等值线方向与加载方向近似成 60°,自上而下沿加载方向呈现较为均匀的梯度增长变化。X 轴方向最大变形发生在试样的右上侧,Y 轴方向最大变形发生在试样的右下角。由试样自由面应变云图可知:随着荷载的增大,试样表面变形不再均匀分布,逐渐向局部集中增大,当其值大于试样局部极限应变时,裂隙随即产生,试样局部产生破裂。随着加载的继续,新的裂隙不断滋生、扩展、贯通,形成试样最终的破坏模式。由加载结束后自由面最终裂隙分布图可知:破裂围岩在无加固时最终破坏模式以竖向劈裂破坏为主,伴随有小范围的局部横向微剪切裂缝破坏,破坏后的块体相对较完整。

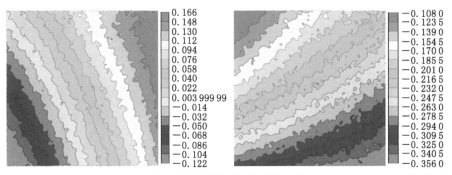

（a）加载初期试样观测面X、Y轴方向位移云图

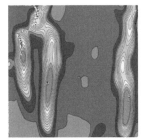

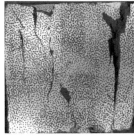

（b）裂隙产生前试样观测面　　（c）试验结束后试样自由面　　（d）破坏后的试样
　　　应变云图　　　　　　　　　　　裂隙分布图

图 6-29　无加固条件下试样观测面云图、起裂特征及破坏模式

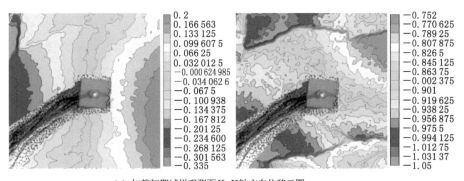

（a）加载初期试样观测面X、Y轴方向位移云图

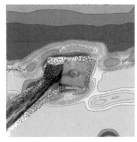

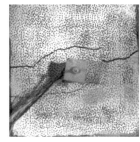

（b）裂隙产生前试样观测面　　（c）试验结束后试样观测面　　（d）破坏后的试样
　　　应变云图　　　　　　　　　　　裂隙分布图

图 6-30　锚杆加固方式下试样自由面云图、起裂特征及破坏模式

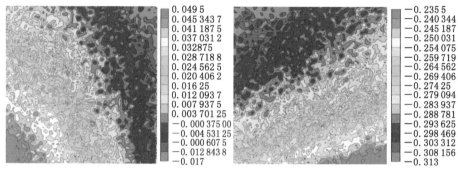

（a）加载初期试样观测面X、Y轴方向位移云图

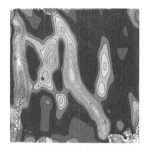

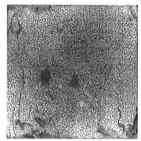

（b）裂隙产生前试样观测面　　（c）试验结束后试样观测面　　（d）破坏后的试样
　　　　应变云图　　　　　　　　　裂隙分布图

图 6-31　注浆加固方式下试样观测面云图、起裂特征及破坏模式

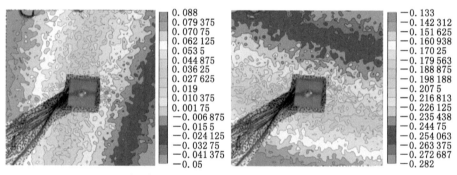

（a）加载初期试样观测面X、Y轴方向位移云图

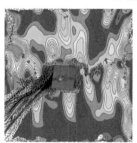

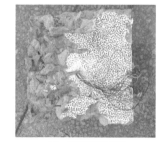

（b）裂隙产生前试样观测面　　（c）试验结束后试样观测面　　（d）破坏后的试样
　　　　应变云图　　　　　　　　　裂隙分布图

图 6-32　锚注加固方式下试样观测面云图、起裂特征及破坏模式

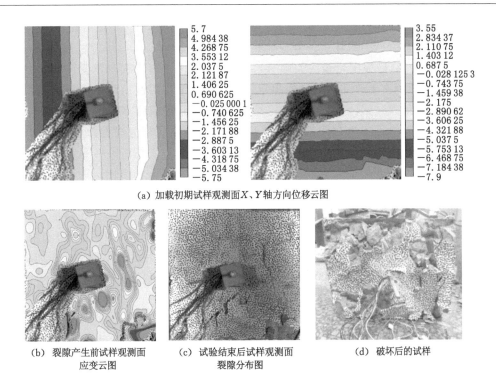

（a）加载初期试样观测面 X、Y 轴方向位移云图

（b）裂隙产生前试样观测面　　　（c）试验结束后试样观测面　　　（d）破坏后的试样
　　应变云图　　　　　　　　　　裂隙分布图

图 6-33　有侧向约束锚注加固方式下试样观测面云图、起裂特征及破坏模式

由图 6-30 可知：破裂围岩加锚试样，加载初期整体来看，X 轴方向的变形总体比较均匀，且位移等值线方向与加载方向近似平行，由于加载初期锚杆并未起到实质性的加固作用，X 轴方向的位移等值线在锚杆处近似等值连续分布。试样右侧约 3/4 范围内围岩向右侧发生侧向膨胀变形，左侧约 1/4 内范围的围岩向左侧发生侧向膨胀。由于锚杆杆体方向与 Y 垂直，锚杆对试样加载初期 Y 轴方向的位移等值线分布特征具有一定的影响，改变了位移等值线局部分布形态，使其变得不再均匀分布，作用方向及数值具有明显的局部特征。X 轴方向最大变形发生在左上侧很小的一部分区域内，Y 轴方向最大变形发生在左上侧和左下侧区域。由试样自由面应变云图可知：随着荷载的增大，表面变形方向逐渐趋于垂直加载方向，在锚杆有效加固的区域周边出现了变形的不断集中，试样局部发生破裂。由试样自由面最终裂隙分布图可知：破裂围岩在锚杆加固条件下最终破坏模式以垂直于加载方向的横向剪切破坏为主，伴随有连接横向剪切裂缝，其中以竖向微劈裂破坏为辅，且横向剪切贯穿裂缝主要出现在锚杆有效加固范围的周边，破坏后的围岩块体相对较完整。

由图 6-31 可知：破裂围岩注浆加固后再破坏试验，加载初期整体来看，X、Y 轴方向的位移等值线均不平顺，作用方向及数值具有明显的局部特征。分析原因可能为：注浆加固试样由于为加载破裂后试样经再注浆胶结制备而成，其内部承载结构均匀性较差，致使受载初期各部分变形不一致。试样右上侧约 1/3 范围内围岩向右侧发生侧向膨胀变形，左下侧约 2/3 范围内围岩向左侧发生侧向膨胀。X 轴方向最大变形发生在左下角，Y 轴方向最大变形发生在左上角。由试样自由面应变云图可知：随着荷载的增加，试样表面变形方向逐渐趋向于平行加载方向，与无加固时类似，同锚杆加固时相反。试样表面的变形在局部不断集中，发展到一定程度时破裂面出现。由试样自由面最终裂隙分布图可知：破裂围岩注浆加固后试样最终破坏模式以平行于加载方向的竖向劈裂破坏为主,与无加固时相比,竖向劈裂裂缝数量更多,分布更广泛,破坏后围岩块体相对较破碎。

由图 6-32 可知:破裂围岩锚注加固后再破坏试验,由于自由面局部受到锚杆加固的被动约束作用,一定程度上改变了试样内部承载结构局部不均匀性的特征,加载初期,X 轴、Y 轴方向的位移等值线虽然同样分布均不平顺,但是比注浆加固时方向性较好。总体来说,X 轴方向的位移等值线近似平行于加载方向,Y 轴方向的位移等值线近似垂直于加载方向。试样右下侧约 1/4 范围内围岩向右侧发生侧向膨胀变形,左上侧约 1/4 范围内围岩向左侧发生侧向膨胀。X 轴方向最大变形发生在左上角偏下区域,Y 轴方向最大变形发生在右上角偏右区域。由试样自由面应变云图可知:随着荷载的增大,试样表面变形方向并未像无加固、锚杆加固、注浆加固时逐渐趋于某一个方向,而是具有明显的局部分布特征。其变形在多个局部区域出现不断集中,多个局部破裂面出现。由试样自由面最终裂隙分布图可知:破裂围岩锚注加固后试样最终破坏模式以锚杆有效加固范围以外区域出现平行于加载方向的竖向劈裂裂缝和沿加固范围周边出现横向剪切裂缝相结合的破坏模式,且破裂面分布较广泛,破坏后围岩块体更为破碎。

由图 6-33 可知:破裂围岩锚注加固后在有侧向被动约束条件下再破坏试验,由于试样两侧受到高强度钢板的被动约束,加之自由面局部受到锚杆加固的被动约束,加载初期试样内部承载结构的局部不稳定性得到了有效控制,X 轴、Y 轴方向的位移等值线均表现出高度平顺性,具有明显的梯度分布特征。X 轴方向的位移等值线接近完全平行于加载方向,Y 轴方向的位移等值线接近完全垂直于加载方向。试样在 X 轴方向的变形具有明显的对称性,左右半部分各向两侧对称膨胀变形。X 轴方向最大变形发生在试样的左右两侧,Y 轴方向最大变形发生在试样的最下部。由试样自由面应变云图可知:随着荷载的增大,试样表面变形逐渐趋于局部性,其变形在多个局部区域出现集中,伴随滋生多个局部破裂面。试样的最终破坏模式同破裂围岩锚注加固无侧向被动约束时类似,破裂面主要集中在锚杆有效加固范围内及周边区域,但范围较小。原因可能为侧向钢板的端部摩擦效应,限制了试样相关裂隙的滋生、扩展。

6.7 裂隙砂岩锚固、锚注加固后再破坏过程中锚杆受力分析

6.7.1 锚杆端部(测力环)受力分析

由图 6-20 可知:裂隙砂岩锚杆加固后再破坏过程中,各试样锚杆端部(测力环)受力变化规律总体一致。初始压密至线弹性阶段的初期,锚固加固试样承载结构变形微小,锚杆端部受力几乎为 0。线弹性阶段中期至峰前屈服阶段起点,试样承载结构始终处于稳定承载阶段,所有的荷载几乎全部由岩样自身承载结构承担,锚杆端部受力仅有少量增加。自进入屈服阶段后,随着荷载的增大,试样承载结构不可逆变形越来越大,至峰值点其变形达到质变点,试样承载结构由稳定承载转变为不稳定承载,其侧向变形越来越明显,越来越多的荷载由锚杆承担,锚杆端部受力逐渐增加。由于不同锚固试样的差异性,锚杆端部受力增加的规律略有不同,2-1# 试样初期近似线性增加,中期加速线性增加,后期增速逐渐减慢;2-2# 试样整个受力过程总体上为加速增加;2-3# 试样初期近似线性增加,中后期减速增加。

由图 6-21 可知:破裂围岩锚注加固后再破坏过程中,各试样锚杆端部(测力环)受力变化规律总体一致,与仅锚杆加固条件下相比存在明显差异。初始加载点至峰前屈服点,锚杆端部受力几乎为 0。自屈服点后,锚杆端部受力加速增加,增加到一定程度近似等速线性增加。分析原因可能为:破裂围岩加载破坏后原承载结构被破坏成近似块状结构,重新注浆胶结后,由于浆液强度明显高于围岩块体,新生成的稳定承载结构的承载力明显高于破裂围岩,其相应的承受变形的能力也增大,锚杆加固的作用延迟显现。自屈服点开始,试样承载结构出现不可逆的塑性变形,随着加载的持续,其承载结构变形速率越来越大,相应的锚杆端部受力加速增加。试样承载结构自峰值点发生质变后,由于注浆加固的作用,其承载结构进入峰后相对稳定变形阶段,相应的锚杆端部受力近似等速线性增加。

由图 6-23 可知:有侧向被动约束条件下破裂围岩锚注加固后再破坏过程中,5-1# 及5-2# 试样由于加载后期(线弹性阶段后)锚杆螺母的脱丝,其后测力环受力并不是真实条件下的锚杆端部受力的体现,在进行锚杆端部受力变化规律分析时,脱丝后将不再进行分析。与无侧向被动约束条件下的破裂围岩锚注加固后再破坏试验相比,锚杆端部受力变化规律二者之间总体一致,均是自初始加载点至线弹性阶段终点(峰前屈服点),锚杆端部受力几乎为 0,之后锚杆端部受力加速增加,以锚杆螺母未脱丝的 5-3# 试样为例,增加到一定程度后,近似等速线性增加。以上分析及前述"线弹性变形阶段直线段的斜率相比注浆加固、无侧向被动约束锚注加固时反而减小"表明:侧向被动约束的存在并未明显改变自由面(临空面、锚固面)的变形特征,但注浆加固自试样承载结构内部进行本质改变,对限制围岩自由面的变形具有良好的加固效果。对比侧向钢板的受力变化可知:锚杆端部受力变化规律与侧向钢板被动约束受力变化具有较好的一致性,均是随着试样承载结构的变形逐渐增大。

6.7.2　锚杆内部轴向受力分析

锚杆内部轴向受力通过在锚杆内部杆体上刻槽粘贴应变片,采用排线及数据线将其连接静态电阻应变仪和电脑,利用数据采集系统监测获取各应变片的应变值,结合锚杆拉伸试验应力-应变本构关系,通过换算获得试样变形破坏过程中锚杆内部受力特征。

加载过程中,由于岩样承载结构的局部变形致使应变片遭到损坏,或由于其他原因致使应变片的数据缺失或明显悖于常理,在进行锚杆内部轴力变化规律分析时,剔除此类数据,仅对试验过程中相对较完整、合理的试样数据进行分析。破裂围岩锚固后再加载破坏试验2-1#、2-2# 试样加载破坏过程中锚杆内部轴力变化规律如图 6-34 所示。破裂围岩锚注加固后再加载破坏试验 4-1#、4-2# 试样加载破坏过程中锚杆内部轴力变化规律如图 6-35 所示。破裂围岩锚注加固后再加载破坏试验 5-1#、5-2#、5-3# 试样加载破坏过程中锚杆内部轴力变化规律如图 6-36 所示。

由图 6-34 可知:破裂围岩锚杆加固后再破坏试验,由于试样的差异性以及受多种因素的综合影响,锚杆内部轴力存在明显差异。2-1# 试样在整个变形过程中,锚杆内部截面 S1、S3 和 S4 所受轴力具有明显的周期性特征,峰值前随着轴向荷载的增大,锚杆内部轴力逐渐增大,至峰值后几乎跌落为 0,之后反复增加又跌落,而截面 S2 所受轴力变化不明显。分析原因可能为:2-1# 试样锚杆的安装及锚固状态与其承载结构局部周期性破坏具有紧密关联性,其承载结构局部周期性的破坏致使其锚杆内部轴向受力具有明显的周期性,但也不能排除是测量不准确造成的。2-2# 试样锚杆内部轴向受力总体上分为 5 个阶段,加载起点至屈

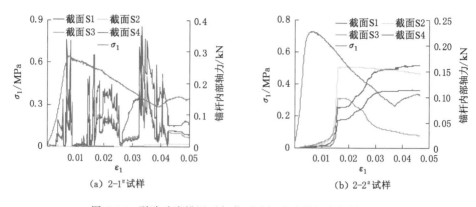

（a）2-1#试样　　　　　　　（b）2-2#试样

图 6-34　裂隙砂岩锚固后加载再破坏试验锚杆内部轴力变化

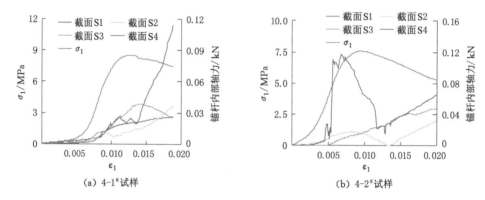

（a）4-1#试样　　　　　　　（b）4-2#试样

图 6-35　裂隙砂岩锚注加固后加载再破坏试验锚杆内部轴力变化

服点，由于荷载几乎由试样自身承载结构来承担，锚杆几乎不受力，其内部轴力几乎没增长。自屈服点至峰值后轴向应力跌落至约峰值的 80％时，锚杆内部轴力随着试样承载结构的变形缓慢增大，增大到一定程度出现了短时间陡增，期间轴向应力仅降低约 3％，而锚杆内部各截面轴向应力平均约陡增 192％，随后锚杆内部各截面轴向应力进入相对稳定期。随着加载的持续进行，各截面轴向应力的变化规律略有差异，围岩浅部的 S1、S4 截面至试验结束，其值前期快速增加，后期缓慢增加，而处在中间的 S2 截面至试验结束其值略有下降，S3 截面至试验结束，其值前期加速降低，后期缓慢降低。分析原因可能是自进入屈服点后，试样承载结构不可逆的塑性变形越来越大，增大到一定程度较短时间内出现了较明显的局部破坏，其荷载短时间内转移至锚杆杆体出现轴向应力陡增的现象，之后试样和锚杆组合而成的承载体暂时进入相对稳定承载状态，锚杆轴力恒定，但这种相对稳定承载是短暂的，承载体继续发生不可逆的变形，锚杆内部截面 S1、S4 轴向应力继续增加，自进入残余承载阶段后，锚杆轴力缓慢增加。锚杆内部截面 S3 处轴向应力不增反降以及截面 S2 处出现略微下降，有可能是试样局部变形破坏造成两截面处与围岩相对分离而导致锚杆锚固效果局部失效，致使轴向应力降低，局部变形破坏程度不同则降低幅度不同。

由图 6-35 可知：破裂围岩锚注加固后再破坏试验，由于试样为破裂后采用相对于破碎块体强度较高的浆液注浆加固后制备，其自身承载结构的承载能力及稳定性较破裂围岩明显提高，致使锚杆内部轴向应力变化幅度并未像仅锚固加固时明显。4-1#试样锚杆各截面

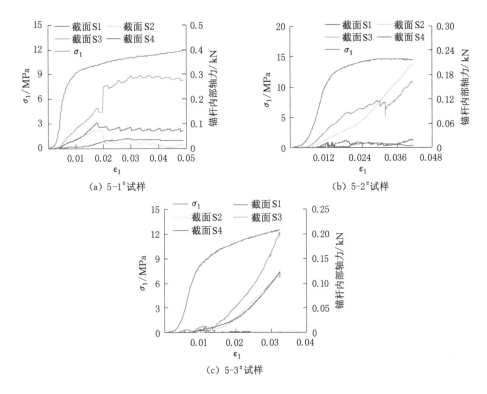

图 6-36 有侧向被动约束时锚注加固试样加载破坏过程中锚杆轴力变化

轴向应力变化规律总体上为:自加载起始点至线弹性阶段起点,锚杆各截面轴向应力近似为 0,之后至峰前屈服点,各截面轴向应力加速增加。增加到一定程度,至峰值后轴向应力降至约峰值强度的 95%,S1、S3 截面其值单调增加,S2 截面其值先是降低,随后持续增加,S4 截面其值则是先增加,随后波动变化。至试验结束,S1、S2 截面其值单调增加,S3 截面其值则降低,S4 截面其值快速增加。4-2# 试样锚杆各截面轴向应力总体变化趋势与 4-1# 试样一致,存在阶段差异性。自加载起始点至线弹性阶段起点,锚杆各截面轴向应力也近似为 0,之后至峰值前屈服点,S2、S3 截面其值近似线性等速增加,S4 截面其值则短期内陡增。至峰值后轴向应力降至约峰值强度的 81%,S2 截面其值缓慢降低,S3 截面其值仍单调增加,S4 截面其值短期内陡降。至试验结束,S2、S3、S4 各截面其值均近似线性等速增加。整个加载过程中,S1 截面轴向应力其值近似为 0。分析原因可能为岩样承载结构的局部破坏致使围岩与锚杆各截面处接触状态不同,造成锚杆各截面处轴向应力变化规律不尽相同。

由图 6-36 可知:有侧向被动约束时锚注加固试样再破坏试验,不同加载阶段各试样锚杆轴向应力总体变化规律有异有同。初始压密阶段,各试样锚杆各截面轴向应力近似为 0;自线弹性阶段起点,随着轴向荷载的增加,各试样锚杆各截面轴向应力逐渐增加,5-1# 试样 S1 截面略有增加,其他截面增加明显,5-2# 试样 S2、S3 截面增加明显,S1、S4 截面略有增加,5-3# 试样各截面均是略有增加。当轴向荷载增大到一定程度,试样侧面由于被动约束的作用,承载结构的变形量自自由面(临空面、锚固面)释放,致使 5-1#、5-2# 试样锚杆螺母周期性螺丝,其锚杆各截面轴向应力与螺母始终未螺丝的 5-3# 试样存在明显差异。至试验结束期间,5-1# 试样 S1 截面轴向应力近似恒定;S2、S4 截面轴向应力起始点出现陡降,之后周期性波动,S2 截面其值总体降低,S4 截面其值总体恒定;S3 截面起始点陡增,之后周期性波动,其值总体先增加后略有下降。5-2# 试样处在锚杆中部的 S2、S3 截面轴向应力总体为逐渐增加,接近锚杆两端的 S1、S4 截面轴向应力近似恒定不变,且其值较低。5-3# 试样锚杆 S2、S3、S4 截面轴向应力至试验结束期间持续加速增加,接近锚杆端部的 S1 截面其值近似为 0。分析其内在原因与试样自身的差异性、试样局部变形破坏致使围岩与锚杆各截面接触状态、锚杆锚固性能等因素有关。

6.8 加固对裂隙砂岩力学性能强化规律分析

6.8.1 承载能力强化规律分析

将各加固条件下试样屈服强度平均值、峰值强度平均值与无加固时试样屈服强度平均值、峰值强度平均值的比值定义为承载能力加固系数。

试样承载能力各特征参数详见表 6-2,承载能力参数、加固系数同加固方式的关系详见图 6-37。

表 6-2 试样承载能力特征参数

试样编号	屈服强度/MPa	屈服强度平均值/MPa	屈服强度加固系数	峰值强度/MPa	峰值强度平均值/MPa	峰值强度加固系数
1-1#	0.565			0.675		
1-2#	0.428	0.511	1.000	0.603	0.663	1.000
1-3#	0.541			0.712		
2-1#	0.570			0.643		
2-2#	0.616	0.650	1.271	0.730	0.775	1.169
2-3#	0.764			0.953		
3-1#	3.937			5.153		
3-2#	4.721	4.650	9.094	6.564	6.132	9.244
3-3#	5.293			6.681		
4-1#	6.665			8.540		
4-2#	6.189	6.570	12.847	7.594	8.457	12.748
4-3#	6.855			9.237		
5-1#	5.702			—		
5-2#	10.212	7.538	14.741	—	—	—
5-3#	6.701			—		

由表 6-2 和图 6-37 可知:试样屈服强度及峰值强度大小排序一致,从小到大均为无加固、锚杆加固、注浆加固、锚注加固、有侧向被动约束锚注加固。锚杆的加固限制了自由面的膨胀,试样屈服强度及峰值强度平均得到了提高,由于单根锚杆的加固作用有限,屈服强度平均值与峰值强度平均值分别提高了 27.1% 与 16.9%,加固效果相对来说不够明显。破裂

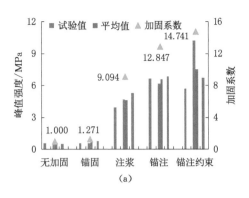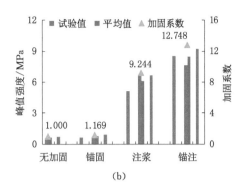

图 6-37　试样承载能力、加固系数与加固方式关系

围岩加载破坏后在一定压力条件下采用强度较高的浆液进行注浆加固后,浆液将破碎岩块重新胶结并填充内部裂隙及空隙,加固后试样承载结构的承载能力得到明显提高,相对于无加固、锚杆加固时屈服强度平均值与峰值强度平均值分别提高了 809.4%、782.3% 与 824.4%、807.5%。在注浆加固的基础上增加锚杆加固后,相比仅注浆加固时屈服强度平均值与峰值强度平均值分别提高了 375.3% 与 350.4%,相比仅采用锚杆对破裂围岩加固时,同样为仅增加了单轴锚杆支护,但锚杆加固效果却得到明显大幅增强,表明对软弱破裂围岩进行锚注相结合的加固效果明显优于各单一支护的效果叠加。在锚注加固的基础上增加侧向钢板的被动约束加固后,侧向钢板有效限制了锚注加固试样的侧向变形,使其弹性阶段的承载能力得到进一步提高,屈服强度平均值相对无侧向约束时提高了 189.4%。横向对比可知:各加固方式对试样屈服强度的提高程度与峰值强度总体上相当,锚杆和锚注加固时屈服强度略高,注浆加固峰值强度略高。

6.8.2　变形能力强化规律分析

本节分析的试样变形能力参数主要包括弹性模量、变形模量、屈服点应变值、峰值点应变值,将各加固条件下各试样变形能力参数的平均值与无加固时各参数平均值的比值定义为变形能力加固系数。各加固条件下各试样变形能力参数详见表 6-3。试样各变形能力参数、加固系数与加固方式的关系详见图 6-38 和图 6-39。

表 6-3　试样变形能力特征参数

试样编号	弹性模量	弹性模量平均值	加固系数	变形模量	变形模量平均值	加固系数
1-1#	0.189			0.162		
1-2#	0.091	0.153 0	1.000	0.049	0.120 0	1.000
1-3#	0.179			0.149		
2-1#	0.134			0.070		
2-2#	0.218	0.183 3	1.198	0.149	0.099 7	0.831
2-3#	0.198			0.080		

表 6-3（续）

试样编号	弹性模量	弹性模量平均值	加固系数	变形模量	变形模量平均值	加固系数
3-1#	1.179			0.816		
3-2#	1.545	1.271 0	8.307	0.576	0.565 0	4.708
3-3#	1.089			0.303		
4-1#	1.923			0.767		
4-2#	1.537	1.730 0	11.307	0.520	0.643 7	5.364
4-3#	1.730			0.644		
5-1#	2.607			1.099		
5-2#	1.684	1.972 3	12.891	0.733	0.881 7	7.347
5-3#	1.626			0.813		
1-1#	0.003			0.006		
1-2#	0.008	0.004 8	1.000	0.018	0.011 5	1.000
1-3#	0.003			0.010		
2-1#	0.006			0.007		
2-2#	0.004	0.005 6	1.161	0.007	0.008 3	0.726
2-3#	0.007			0.011		
3-1#	0.006			0.011		
3-2#	0.005	0.007 8	1.628	0.009	0.013 4	1.162
3-3#	0.013			0.020		
4-1#	0.010			0.012		
4-2#	0.007	0.008 2	1.711	0.010	0.011 5	1.000
4-3#	0.009			0.013		
5-1#	0.005			—		
5-2#	0.012	0.008 4	1.737	—	—	—
5-3#	0.008			—		

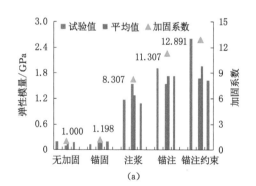
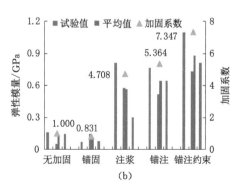

图 6-38　弹性模量及变形模量、加固系数与加固方式关系

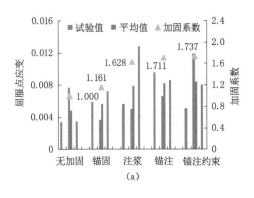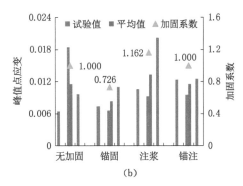

图 6-39　屈服点应变及峰值点应变、加固系数与加固方式关系

由表 6-3 和图 6-38 可知:试样弹性模量值从小到大排序为无加固、锚杆加固、注浆加固、锚注加固、有侧向被动约束锚注加固,而变形模量值从小到大排序为锚杆加固、无加固、注浆加固、锚注加固、有侧向被动约束锚注加固。单根锚杆加固时,锚杆对试样承载结构的变形约束有限,试样的弹性模量平均值仅提高 19.8%,变形模量平均值反而降低了 16.9%,单根锚杆的加固效果相对来说不明显。采用强度较高的浆液注浆加固后,试样承载结构抵抗变形的能力得到了明显提高,相对于无加固、锚杆加固时弹性模量平均值与变形模量平均值分别提高了 730.7%、710.9% 与 370.8%、387.7%,注浆加固对试样弹性模量的增强作用明显高于对其变形模量的增强作用。在注浆加固的基础上增加锚杆支护后,相比仅注浆加固时弹性模量平均值与变形模量平均值分别提高了 300% 与 65.6%,进一步表明对软弱破裂围岩进行锚注相结合的加固,其加固效果明显优于各单一支护的效果叠加。增加侧向钢板被动约束后,弹性模量平均值与变形模量平均值在锚注加固的基础上分别提高了 158.4% 与 198.3%,侧向钢板被动约束对试样承载结构抵抗变形能力的提高效果明显,相比较而言,对试样变形模量提升作用更显著。

由表 6-3 和图 6-39 可知:随着加固强度的提高,试样屈服点应变平均值逐渐提高,而峰值点应变平均值无明显规律。具体试样屈服点应变量平均值从小到大顺序为无加固、锚杆加固、注浆加固、锚注加固、有侧向被动约束锚注加固,而峰值点应变量平均值从小打大顺序则为锚杆加固、无加固≈锚注加固、注浆加固。以上分析表明,当试样承载结构未发生不可逆的塑性变形前,加固强度对试样承载结构抵抗变形能力的作用效果显著,当试样承载结构出现不可逆的变形后,则作用效果不明显。锚杆加固时相比无加固,试样的屈服点应变量平均值提高 16.1%,峰值点应变量平均值则降低 27.4%。注浆加固时相比无加固、锚杆加固时屈服点与峰值点应变量平均值均得到不同程度的提高,二者分别提高 62.8%、46.7% 与 16.2%、43.6%,注浆加固对试样抵抗屈服的作用强于对峰值破坏。在注浆加固基础上增加锚杆支护后,试样屈服点应变量平均值略提高 8.3%,而峰值点应变量平均值近似不提高。增加侧向钢板被动约束后,屈服点应变量平均值略增 2.6%,表明侧向钢板的约束加固作用对试样承载结构屈服点的应变量提升效果不明显。

6.9　加固机理分析

6.9.1　锚杆加固

　　锚杆加固有端部锚固和全长锚固,全长锚固是指锚杆整体与孔壁岩体通过锚固剂黏结在一起,由孔壁岩体、锚固剂、锚杆三者组成锚固体。本次锚杆加固试验采取全长锚固,制备的破裂围岩自身强度较低,可归为极破碎软岩。试验结果表明:加固试样自屈服点后,试样承载结构不可逆的塑性变形越来越大,荷载逐渐转移至锚杆,其轴向荷载逐渐增大,锚杆的存在一定程度上提高了试样的各力学性能参数。但是由于所制备破裂围岩较破碎且强度较低,无法为锚杆提供可靠的着力点。锚杆端部测力环监测结果表明:各试样锚杆端部测力环受力均小于 0.6 kN,加之单根锚杆支护无法形成群锚效应,此次试验锚杆支护效果不够明显,相比无支护试样,锚杆加固试样弹性模量平均值仅提高 19.8%,变形模量平均值反而降低了 16.9%,试样的屈服点应变量平均值提高 16.1%,峰值点应变量平均值则降低27.4%,屈服强度平均值与峰值强度平均值分别提高了 27.1% 与 16.9%。锚杆的存在也改变了试样局部变形集中的区域,主要分布在锚杆有效加固区域周边,破坏模式以垂直于加载方向的横向剪切破坏为主,伴随有连接横向剪切裂缝的竖向微劈裂破坏,且横向剪切贯穿裂缝主要出现在锚杆有效加固范围的周边,破坏后的围岩块体相对较完整。

6.9.2　注浆加固

　　注浆加固破裂围岩的变形和强度受水泥浆液固结体和围岩本身强度控制以及受围岩内部破裂程度的影响,也与胶结面上黏聚力和充填度有关。试验结果表明:水泥浆液在一定的压力作用下,由于其良好的流动性,可扩散至整个破裂围岩内部的裂隙中去,待浆液凝固后,以固体的形式充填在破裂围岩弱面结构中并与岩体固结,这些充填材料在岩体中形成纵横交错的网状骨架结构,使整个破裂围岩包裹在支架内部重新胶结成整体,明显改变了破裂围岩力学特性。相比无加固、锚杆加固时,初始压密现象明显,伴随着明显的声发射事件,线弹性阶段直线斜率增大,峰前屈服阶段明显延长,屈服强度和峰值强度得到了明显提高,延性破坏特征更加明显。注浆加固试样相比无加固、锚杆加固时,弹性模量平均值与变形模量平均值分别提高了 730.7%、710.9% 与 370.8%、387.7%,屈服点与峰值点应变量平均值分别提高了 62.8%、46.7% 与 16.2%、43.6%,屈服强度平均值与峰值强度平均值分别提高了809.4%、782.3% 与 824.4%、807.5%。由于浆液扩散的局部性,注浆加固试样表面位移等值线均不平顺,作用方向及数值具有明显的局部性特征。试样表面的变形在局部不断集中,破坏模式以平行于加载方向的竖向劈裂破坏为主,与无加固时相比,竖向劈裂裂缝数目更多,分布更广泛,破坏后的围岩块体相对较破碎。

6.9.3　锚注加固

　　锚注加固是将锚杆加固和注浆加固有机结合在一起,即通过特定的施工工艺将锚杆和注浆胶结体结合,形成一种类似钢筋混凝土复合结构体,充分发挥锚杆加固和注浆加固各自的优点,进而达到综合加固围岩的目的。此次试验,锚注加固试样首先通过自行设计的注浆加固系统对已加载至残余强度阶段完全破坏的破裂围岩试样注入水灰比为 0.5 的 $325^{\#}$ 水泥浆,其次,采用自行设计的加锚系统安设锚杆制备而成。试验结果表明:锚注加固试样的应力-应变关系曲线兼具锚杆加固、注浆加固试样的双重特征,初始压密阶段明显,线弹性阶段直线斜率增大,峰前屈服阶段延长以及极限承载力提高。相比无加固、锚杆加固、注浆加固试样,屈服强度平均值分别提高了 1 184.7%、1 157.6%、375.3%,峰值强度平均值分别提高了 1 174.8%、1 157.9%、350.4%,弹性模量平均值分别提高了 1 030.7%、1 010.9%、300%,变形模量平均值分别提高了 436.4%、453.3%、65.6%,屈服点应变平均值分别提高了 71.1%、55.0%、8.3%。锚杆的存在一定程度上改变了试样内部承载结构局部不均匀性的特征,加载初期试样表面位移等值线虽然不平顺,但是比注浆加固时方向性好。随着荷载的增大,试样表面变形方向并未像无加固、锚杆加固、注浆加固时逐渐趋于某一个方向,而是具有明显的局部化特征,在多个局部区域出现集中、破裂。破坏模式以锚杆有效加固范围以外区域出现平行于加载方向的竖向劈裂裂缝和沿加固范围周边出现横向剪切裂缝相结合的破坏方式,且破裂面分布较广泛,破坏后的围岩块体更为破碎。综合以上分析,有效的注浆加固明显改变了围岩的赋存状态,使其固结成整体,优化了其宏观结构,在提高围岩自身承载力的同时,为锚杆提供可靠的着力点(锚杆端部测力环监测结果表明测力环受力峰值均大于 1 kN),使锚杆对围岩的加固作用得以充分发挥,大幅度提高了围岩的整体强度和稳定性,有效阻止了破裂围岩的变形。

7 结论与展望

7.1 结论

（1）饱水对峰后破裂粗砂岩单轴循环加卸载强度和加载段弹性模量均具有明显的弱化作用，随着循环加卸载周期的增加，峰值应力和弹性模量降低的幅度均逐渐增大；表明随着试样累计损伤程度逐渐提高，其水理特性表现得越来越显著；试样的强度和弹性模量视软化系数均与峰后循环加卸载周期之间符合线性函数递减关系，但是弹性模量降低速率（回归直线斜率）及幅度小于峰值强度降低的速率及幅度。

（2）饱水、自然状态下各岩样损伤因子（塑性剪切应变）不断增大，自然状态下各岩样损伤因子近似等速增加，而饱水后各岩样总体上表现为加速增加；自然状态下岩样损伤因子平均值与峰后循环加卸载周期二者之间符合线性递增函数关系，而饱水后二者之间符合指数函数递增关系。

（3）自然及饱水状态下裂隙损伤应力随其塑性剪切应变的增加先快速衰减，之后裂隙损伤应力近似趋于某一恒定值；饱水状态下裂隙损伤应力值总体上小于自然状态下的，且饱水后岩石裂隙损伤应力衰减速率更高，其值较自然状态下的更早近似趋于恒定值。随着循环加卸载次数 n 的增加，岩石承载结构累计劣化参数 ω 逐渐增大，表明了其结构的不断劣化，且围压对累计劣化参数影响规律不明显。岩样峰后的极限承载力和加载段的弹性模量均随着累计劣化参数的增大而减小，且两者均符合带常数项的指数函数关系。

（4）单轴峰前屈服、峰后破裂卸载制备的损伤岩样，随着应力水平的增加，瞬时应变不断增加且二者之间呈现线性关系，蠕变也呈现不断增加且二者之间呈指数关系（剔除首级应力）；轴向应变与其单轴压缩时峰值处轴向应变基本相当，表明岩石瞬时破坏与蠕变破坏轨迹具有一致性，损伤程度对岩样单轴蠕变特征存在明显的弱化作用，二者之间的定量关系有待进一步研究，各损伤破裂岩样在各级应力水平下，改进的西原模型能够较好地模拟其单轴蠕变特征。

（5）峰后破裂岩样单轴蠕变中，各瞬时应变均是随着应力水平的提高而增大，不同损伤程度的岩样瞬时应变会有较大差异，单轴蠕变过程中，随着应力水平的提高，轴向蠕变、环向蠕变、体积蠕变自第二级荷载到破坏前一级荷载均是不断增加的；损伤岩样单轴蠕变各级应力水平下单轴蠕变参数轴向瞬时应变、侧向瞬时应变、体积瞬时应变随损伤因子降低率的增大而增大；二者间均符合带常数项的指数函数关系；随着岩石峰后损伤程度不断提高，岩样承载结构加速破坏，其力学性能参数加速衰减，岩石损伤速率（力学性能参数弱化速率）存在某一临界点，此临界点即地下工程围岩支护时的最佳时机。

（6）峰后破裂岩样三轴蠕变时，围压越大，岩样瞬时加载平均模量越大，围压与相应瞬时加载平均模量之间基本呈线性关系;围压越大,轴向应变增加速率相对越低,损伤岩样轴向变形能力的大小会随之减小,各级应力水平下,围压与瞬时应变之间也基本呈线性关系;整体上损伤岩样蠕变随着应力水平的提高而增加,蠕变与所加围压之间可以用带常数项的指数函数、指数衰减函数近似拟合;各损伤岩样稳定蠕变速率随着围压的增大而呈现减小趋势,三轴条件下损伤岩样最终蠕变破坏形式与三轴瞬时破坏形式基本一致,可采用改进的西原模型能够较好地对峰后破裂损伤砂岩三轴蠕变参数进行辨识。

(7)峰后破裂岩样在围压与损伤程度的双重影响下,岩样蠕变特性之间存在明显差异,较低围压下,随着应力水平的提高,损伤程度较高的岩样轴向、侧向、体积变形呈现急剧增加的,蠕变变化趋势也较大,而损伤程度较低的岩样轴向、侧向、体积变形前几级应力水平下增加较慢,其蠕变变化也较平缓;中等围压下,损伤程度较高的岩样轴向、侧向、体积变形速率减缓较大,围压的影响效果明显,蠕变相对变化较大,但对于损伤程度较低的岩样,轴向、侧向、体积变形随着应力增大呈现一种平稳增长的态势,蠕变突增只会在高应力时出现;较高围压时,各损伤岩样轴向、环向、体积变形增长速率较慢,只在高应力时才会有变形突变的现象,蠕变在低应力水平时相差不大,只在高应力时才出现剧烈变化,岩样体积的扩容均出现在加速蠕变阶段,岩样承载能力大幅度提高;裂纹数目不断增多,蠕变破坏前一级荷载作用下产生裂纹数目最多,同一损伤岩样,随着围压的增大,裂纹数目不断减少,不同围压下裂纹增长演化规律不尽相同,围压的存在对裂纹贯通产生宏观断裂面具有阻碍作用。

(8)当岩桥倾角恒定时,随着岩桥宽度增大,裂隙砂岩试样峰值强度、弹性模量均逐渐增大,且均符合带常数项的一次函数规律;当岩桥宽度恒定时,岩桥倾角与峰值强度、弹性模量之间的关系均具有不确定性。当岩桥倾角恒定时,随着岩桥宽度的增大,裂隙砂岩试样割线模量总体呈现出增大的趋势,而泊松比因岩石倾角不同,各试样变化规律各异;当岩桥宽度恒定时,随着岩桥倾角的增大,割线模量的降幅差值逐渐减小,同样泊松比因岩桥倾角不同,其变化规律存在差异。破裂围岩及加固后各试样全应力-应变关系曲线分初始压密、线弹性变形、峰前屈服、峰后应变软化4个阶段;有侧向被动约束锚注加固试样全应力-应变关系曲线分初始压密、线弹性变形、屈服后应变硬化3个阶段。破裂围岩及加固试样初始压密阶段均伴随有声发射现象,其他各阶段,不同加固方式的试样声发射特征各有差异;有侧向被动约束锚注加固试样初始压密阶段声发射现象不明显,线弹性阶段,累计声发射事件数基本等速少量增加,自屈服点至试验结束累计声发射事件数等速增加。

(9)无加固试样破坏模式以竖向劈裂破坏为主;锚杆加固以垂直于加载方向横向剪切破坏为主;注浆加固以平行于加载方向竖向劈裂破坏为主;锚注加固以锚杆有效加固范围以外区域出现平行于加载方向的竖向劈裂和沿加固范围周边出现横向剪切裂缝破坏为主;有侧向被动约束锚注加固破裂面主要集中在锚杆有效加固范围及周边区域,但范围较小。锚杆加固时,初始压密至线弹性阶段初期,锚杆端部受力几乎为0;线弹性阶段中期至屈服点,锚杆端部受力仅有少量增加;屈服点后,锚杆端部受力逐渐增加。锚注加固时,初始加载点至峰前屈服点,锚杆端部受力几乎为0;自屈服点后,锚杆端部受力加速增加,到一定程度近似等速线性增加。峰值点后,锚杆端部受力近似等速线性增加。

(10)破裂围岩锚杆加固时,由于试样的差异性以及受多种因素的综合影响,锚杆内部轴力变化规律存在明显差异;锚注加固时,锚杆内部轴向应力变化幅度小于仅锚固加固时的;有侧向被动约束锚注加固时,不同加载阶段各试样锚杆轴向应力总体变化规律有异有同。对软弱破裂围岩来说,单根锚杆加固效果相对不够明显,锚注相结合的加固效果明显优于各单一支护的效果叠加;侧向钢板有效地限制了试样的侧向变形,使其弹性阶段的承载能力得到提高,对试样变形模量提升作用更显著,对承载结构屈服应变量提升效果不明显。有效的注浆加固明显改变了围岩的赋存状态,使其固结成整体,优化了其宏观结构,在提高围岩自身承载力的同时,为锚杆提供可靠的着力点,使锚杆对围岩的加固作用充分发挥,大幅度提高了围岩的整体强度和稳定性,有效阻止了围岩变形。

7.2　展望

（1）对岩石峰后蠕变的研究仅限于假三轴条件下,但真实工程实践中,岩石所处的环境均为真三轴条件,因而今后研究工作主要考虑真三轴条件下岩石蠕变特性,更好地为工程提供理论基础。

（2）对各加固试样进行单轴及锚注加固体有侧向被动约束下再加载破坏试验,未定量考虑围压对各加固试样力学特性及其各加固方式下加固效果的影响规律,而实际工程中破裂围岩及各加固体基本处于三向或近似三向应力状态,在后续研究中应重点考虑围压的影响。

（3）对破裂围岩及其各加固体进行了瞬时力学特性试验,实际工程中由于水文地质条件复杂,地下工程开工后,围岩自身较破碎,加之局部应力集中严重,破裂围岩及各加固体可能在较大的荷载作用下长期持续变形,在后续研究中应开展破裂围岩和各加固体长期力学特性研究。

（4）仅对单根锚杆水平锚固开展了试验研究,不能考虑锚杆的群锚效应,且注浆加固时未考虑注浆压力、浆液成分及配合比等因素的影响,在后续的研究中应逐渐开展群锚和注浆参数多因素的影响试验。

（5）主要开展了室内岩样物理模拟试验研究及相关理论分析,相关研究成果一直未在工程现场得到全面的实践应用,其实际应用的可行性及效果有待深入检验,后续应开展相应的工业性试验研究。

参 考 文 献

[1] 李宁,程国栋,谢定义.西部大开发中的岩土力学问题[J].岩土工程学报,2001,23(3):268-272.

[2] 伍法权,祁生文.第10届全国工程地质大会学术总结[J].工程地质学报,2017,25(1):246-256.

[3] 刘虹强,文建华,曾强,等.新建川藏铁路某长大深埋隧道工程主要地质问题分析[J].四川地质学报,2021,41(增1):102-108.

[4] 蒋水华,李典庆,黎学优,等.锦屏一级水电站左岸坝肩边坡施工期高效三维可靠度分析[J].岩石力学与工程学报,2015,34(2):349-361.

[5] 刘泉声,黄兴,时凯,等.煤矿超千米深部全断面岩石巷道掘进机的提出及关键岩石力学问题[J].煤炭学报,2012,37(12):2006-2013.

[6] 杜时贵.岩体结构面的工程性质[M].北京:地震出版社,1999.

[7] FENG W L,ZOU D J,WANGT,et al. Study on a nonlinear shear damage constitutive of structural plane and application of discrete element[J]. Computers and geotechnics,2023,155:105190.

[8] 牛双建,靖洪文,杨旭旭,等.深部巷道破裂围岩强度衰减规律试验研究[J].岩石力学与工程学报,2012,31(8):1587-1596.

[9] NIU S J,FENG W L,YUJ,et al. Experimental study on the mechanical properties of short-term creep in post-peak rupture damaged sandstone[J]. Mechanics of time-dependent materials,2021,25(1):61-83.

[10] 牛双建,党元恒,冯文林,等.损伤破裂砂岩单轴蠕变特性试验研究[J].岩土力学,2016,37(5):1249-1258.

[11] FENG W L,QIAO C S,NIU SJ,et al. An improved nonlinear damage model of rocks considering initial damage and damage evolution[J]. International journal of damage mechanics,2020,29(7):1117-1137.

[12] 许国安,牛双建,靖洪文,等.砂岩加卸载条件下能耗特征试验研究[J].岩土力学,2011,32(12):3611-3617.

[13] 甄治国,杨圣奇,陈传平,等.层理黄砂岩三轴循环加卸载力学特性模拟研究[J].应用基础与工程科学学报,2023,31(3):731-740.

[14] 王晓卿,康红普,赵科,等.黏结刚度对预应力锚杆支护效用的数值分析[J].煤炭学报,2016,41(12):2999-3007.

[15] 章慧健,仇文革,卿伟宸.多部开挖系统锚杆轴力分布特点研究[J].铁道学报,2013,35(12):90-94.

［16］李桂臣,杨森,孙元田,等.复杂条件下巷道围岩控制技术研究进展［J］.煤炭科学技术, 2022,50(69):29-45.

［17］孙利辉,杨贤达,张海洋,等.强动压松软煤层巷道煤帮变形破坏特征及锚注加固试验研究［J］.采矿与安全工程学报,2019,36(2):232-239.

［18］康永水,耿志,刘泉声,等.我国软岩大变形灾害控制技术与方法研究进展［J］.岩土力学,2022,43(8):2035-2059.

［19］朱建明,徐秉业,岑章志.岩石类材料峰后滑移剪膨变形特征研究［J］.力学与实践, 2001(5):19-22.

［20］ZHAO Z H,WANG W M,GAO X. Evolution laws of strength parameters of soft rock at the post-peak considering stiffness degradation［J］. Journal of Zhejiang University science A,2014,15(4):282-290.

［21］杨米加,贺永年.试论破坏后岩石的强度［J］.岩石力学与工程学报,1998,4:31-37.

［22］陈庆敏,张农,赵海云,等.岩石残余强度与变形特性的试验研究［J］.中国矿业大学学报,1997,3:44-47.

［23］周纪军,单仁亮,王辉,等.细砂岩峰后力学特性和材料强度研究［J］.煤炭工程,2011, 4:96-98.

［24］王汉鹏,高延法,李术才.岩石峰后注浆加固前后力学特性单轴试验研究［J］.地下空间与工程学报,2007,3(1):27-31,39.

［25］张骞,李术才,李利平,等.岩石三轴压缩峰后曲线与抗剪强度参数关系探讨［J］.地下空间与工程学报,2015,11(3):642-646,657.

［26］张桂民,李银平,杨春和,等.岩石直剪峰后曲线与抗剪强度参数关系探讨［J］.岩石力学与工程学报,2012(增1):2981-2988.

［27］JIANG Y S. Post-failure rheological properties of rockmass：an important object of study for engineeringrockmass mechanics［J］. Journal of China University of Mining & Technology,2000,2:38-41.

［28］LI X,WANG S J. Experimental study on the triaxial creep behaviour in the post-peak region of rock［J］. Scientia geologica sinica,1998,2:125-134.

［29］周纪军,单仁亮,王辉,等.损伤和破坏岩石的强度研究［J］.矿业研究与开发,2010, 30(3):30-33,108.

［30］尹小涛,葛修润,李春光,等.加载速率对岩石材料力学行为的影响［J］.岩石力学与工程学报,2010(增1):2610-2615.

［31］刘树新,杨飞,朱雪松,等.基于数字图像处理技术的岩石峰后CT图像分析［J］.现代矿业,2015,31(6):221-222.

［32］毛灵涛,袁则循,连秀云,等.基于CT数字体相关法测量红砂岩单轴压缩内部三维应变场［J］.岩石力学与工程学报,2015,34(1):21-30.

［33］刘保国,崔少东.泥岩蠕变损伤试验研究［J］.岩石力学与工程学报,2010,29(10): 2127-2133.

［34］梁卫国,徐素国,赵阳升,等.盐岩蠕变特性的试验研究［J］.岩石力学与工程学报, 2006,25(7):1386-1390.

[35] 陈锋,李银平,杨春和,等. 云应岩矿盐蠕变特性试验研究[J]. 岩石力学与工程学报, 2006,25(增 1):3022-3027.

[36] SAKAMOTO Y, AOKI K, TENMAN, et al. Creep property of artificial methane-hydrate-bearing rock[M] //Harmonising Rock Engineering and the Environment. : CRC Press, 2011:747-750.

[37] BÉREST P, ANTOINE BLUM P, PIERRE CHARPENTIERJ, et al. Very slow creep tests on rock samples [J]. International journal of rock mechanics and mining sciences, 2005, 42(4):569-576.

[38] HEAP M J, BAUD P, MEREDITH PG, et al. Brittle creep in basalt and its application to time-dependent volcano deformation[J]. Earth and planetary science letters, 2011, 307(1/2):71-82.

[39] FUJII Y, KIYAMA T, ISHIJIMA Y, et al. Circumferential strain behavior during creep tests of brittle rocks[J]. International journal of rock mechanics and mining sciences, 1999, 36(3):323-337.

[40] BRANTUT N, HEAP M J, MEREDITH P G, et al. Time-dependent cracking and brittle creep in crustal rocks: a review[J]. Journal of structural geology, 2013, 52: 17-43.

[41] HAKAN ÖZEN A, İHSAN ÖZKAN, CEM ENSÖGT. Measurement and mathematical modelling of the creep behaviour of Tuzköy rock salt[J]. International journal of rock mechanics and mining sciences, 2014, 66:128-135.

[42] MISHRA B, VERMA P. Uniaxial and triaxial single and multistage creep tests on coal-measure shale rocks[J]. International journal of coal geology, 2015, 137:55-65.

[43] 刘小军,刘新荣,王铁行,等. 考虑含水劣化效应的浅变质板岩蠕变本构模型研究[J]. 岩石力学与工程学报, 2014, 3(12):2384-2389.

[44] 张敏思,王述红,杨勇. 节理岩体本构模型数值模拟及其验证[J]. 工程力学, 2011, 28(5):26-30.

[45] 周伟,常晓林. 高混凝土面板堆石坝流变的三维有限元数值模拟[J]. 岩土力学, 2006, 27(8):1389-1392.

[46] 王永岩,齐珺,杨彩虹,等. 深部岩体非线性蠕变规律研究[J]. 岩土力学, 2005, 26(1): 117-121.

[47] 邵祥泽,潘志存,张培森. 高地应力巷道围岩的蠕变数值模拟[J]. 采矿与安全工程学报, 2006, 23(2):245-248.

[48] 高文华,刘正,张志敏. 基于 FLAC3 D 的粉砂岩压缩蠕变试验数值模拟研究[J]. 土木工程学报, 2015, 48(3):96-102.

[49] 李连崇,徐涛,唐春安,等. 单轴压缩下岩石蠕变失稳破坏过程数值模拟[J]. 岩土力学, 2007, 28(9):1978-1982.

[50] POTYONDY D O, CUNDALL P A. A bonded-particle model for rock [J]. International journal of rock mechanics and mining sciences, 2004, 41(8):1329-1364.

[51] POTYONDY D O. The bonded-particle model as a tool for rock mechanics research

and application: current trends and future directions[J]. Geosystem engineering, 2015,18(1):1-28.

[52] POTYONDY D O. Simulating stress corrosion with a bonded-particle model for rock [J]. International journal of rock mechanics and mining sciences, 2007, 44 (5): 677-691.

[53] KRAN R L. Crack-Crack and Crack-pore interaction in stressed Granite[J]. Rock Mech. Min. Sci. & Geomech. Abstr,1989,16:37-47.

[54] KRANZ RL. Crack growth and development during creep of Barre granite [J]. International journal of rock mechanics and mining sciences & geomechanics abstracts,1979,16(1):23-35.

[55] ZARETSKII-FEOKTISTOV G G, TANOV G N, BELOUSOV S N. Prediction of rock creep[J]. Soviet mining,1990,26(2):137-141.

[56] BELOUSOV S N, ZARETSKII-FEOKTISTOV GG. Procedure for determining rock creep parameters[J]. Soviet mining science,1990,26(6):481-484

[57] TOMANOVIC Z. Rheological model of soft rock creep based on the tests on marl[J]. Mechanics of time-dependent materials,2006,10(2):135-154.

[58] BOUKHAROV G N,CHANDA M W,BOUKHAROV NG. The three processes of brittle crystalline rock creep[J]. International journal of rock mechanics and mining sciences & geomechanics abstracts,1995,32(4):325-335.

[59] LO C M, FENG ZY. Deformation characteristics of slate slopes associated with morphology and creep[J]. Engineering geology,2014,178:132-154.

[60] WAWRZENITZ N,KROHE A,RHEDE D,et al. Dating rock deformation with monazite: the impact of dissolution precipitation creep[J]. Lithos,2012,134/135:52-74.

[61] OOHASHI K,HIROSE T,KOBAYASHIK,et al. The occurrence of graphite-bearing fault rocks in the Atotsugawa fault system,Japan:origins and implications for fault creep[J]. Journal of structural geology,2012,38:39-50.

[62] SMITH J V. Self-stabilization of toppling and hillside creep in layered rocks[J]. Engineering geology,2015,196:139-149.

[63] 王襄禹,柏建彪,陈勇,等.软岩巷道锚注结构承载特性的时变规律与初步应用[J].岩土工程学报,2013,35(3):469-475.

[64] 王华宁,曾广尚,蒋明镜.黏弹-塑性岩体中锚注与衬砌联合支护的解析解[J].工程力学,2016,33(4):176-187.

[65] 黄耀光,王连国,陆银龙.巷道围岩全断面锚注浆液渗透扩散规律研究[J].采矿与安全工程学报,2015,32(2):240-246.

[66] LI S C,WANG H T,WANGQ,et al. Failure mechanism of bolting support and high-strength bolt-grouting technology for deep and soft surrounding rock with high stress [J]. Journal of Central South University,2016,23(2):440-448.

[67] JIANG B Y, WANG L G, LU Y L,et al. Failure mechanism analysis and support design for deep composite soft rock roadway:a case study of the Yangcheng coal mine

in China[J]. Shock and vibration,2015,2015(1):452479.

[68] PAN R,WANG Q,JIANG B,et al. Failure of bolt support and experimental study on the parameters of bolt-grouting for supporting the roadways in deep coal seam[J]. Engineering failure analysis,2017,80:218-233.

[69] YANG R S,LI Y L,GUO D M,et al. Failure mechanism and control technology of water-immersed roadway in high-stress and soft rock in a deep mine[J]. International journal of mining science and technology,2017,27(2):245-252.

[70] 乔卫国,孟庆彬,林登阁,等.深部软岩巷道锚注联合支护技术研究[J].西安科技大学学报,2011,31(1):22-27.

[71] CHEN Y L,MENG Q B,XUG,et al. Bolt-grouting combined support technology in deep soft rock roadway[J]. International journal of mining science and technology, 2016,26(5):777-785.

[72] BAHRANI N,HADJIGEORGIOU J. Explicit reinforcement models for fully-grouted rebar rock bolts[J]. Journal of rock mechanics and geotechnical engineering,2017, 9(2):267-280.

[73] NEMCIK J,MA S Q,AZIZ N,et al. Numerical modelling of failure propagation in fully grouted rock bolts subjected to tensile load[J]. International journal of rock mechanics and mining sciences,2014,71:293-300.

[74] DEB D,DAS K C. Modelling of fully grouted rock bolt based on enriched finite element method[J]. International journal of rock mechanics and mining sciences, 2011,48(2):283-293.

[75] YAN Z X,CAI H C,WANG Q M,et al. Finite difference numerical simulation of guided wave propagation in the full grouted rock bolt[J]. Science China technological sciences,2011,54(5):1292-1299.

[76] MA S Q,NEMCIK J,AZIZ N. Simulation of fully grouted rockbolts in underground roadways using FLAC2D[J]. Canadian geotechnical journal,2014,51(8):911-920.

[77] MA S Q,NEMCIK J,AZIZN,et al. Numerical modeling of fully grouted rockbolts reaching free-end slip[J]. International journal of geomechanics,2016,16(1):04015020.

[78] 陆银龙,王连国,张蓓,等.软岩巷道锚注支护时机优化研究[J].岩土力学,2012, 33(5):1395-1401.

[79] 孟庆彬,韩立军,乔卫国,等.深部软岩巷道锚注支护机理数值模拟研究[J].采矿与安全工程学报,2016,33(1):27-34.

[80] 韩建新,李术才,李树忱,等.贯穿裂隙岩体强度和破坏方式的模型研究[J].岩土力学, 2011,32(增2):178-184.

[81] 袁小清,刘红岩,刘京平.基于宏细观损伤耦合的非贯通裂隙岩体本构模型[J].岩土力学,2015,36(10):2804-2814.

[82] 任利,谢和平,谢凌志,等.基于断裂力学的裂隙岩体强度分析初探[J].工程力学, 2013,30(2):156-162,168.

[83] 刘涛影,曹平,章立峰,等.高渗压条件下压剪岩石裂纹断裂损伤演化机制研究[J].岩

土力学,2012,33(6):1801-1808.

[84] 韦立德.岩石力学损伤和流变本构模型研究[D].南京:河海大学,2003.

[85] 韦立德,徐卫亚,杨松林,等.考虑裂纹内水压的节理岩体蠕变柔量分析[J].河海大学学报(自然科学版),2003,31(5):564-568.

[86] 赵怡晴,刘红岩,吕淑然,等.基于变形元件的节理岩体三轴压缩损伤本构模型[J].中南大学学报(自然科学版),2015(3):991-996.

[87] 杨圣奇,蒋昱州,温森.两条断续预制裂纹粗晶大理岩强度参数的研究[J].工程力学,2008,25(12):127-134.

[88] 杨圣奇,戴永浩,韩立军,等.断续预制裂隙脆性大理岩变形破坏特性单轴压缩试验研究[J].岩石力学与工程学报,2009,28(12):2391-2404.

[89] 杨圣奇,刘相如.不同围压下断续预制裂隙大理岩扩容特性试验研究[J].岩土工程学报,2012,34(12):2188-2197.

[90] 杨圣奇,黄彦华,温森.高温后非共面双裂隙红砂岩力学特性试验研究[J].岩石力学与工程学报,2015,34(3):440-451.

[91] 肖桃李,李新平,贾善坡.深部单裂隙岩体结构面效应的三轴试验研究与力学分析[J].岩石力学与工程学报,2012,31(8):1666-1673.

[92] 肖桃李,李新平,郭运华.三轴压缩条件下单裂隙岩石的破坏特性研究[J].岩土力学,2012,33(11):3251-3256.

[93] 肖桃李,李新平,贾善坡.含2条断续贯通预制裂隙岩样破坏特性的三轴压缩试验研究[J].岩石力学与工程学报,2015(12):2455-2462.

[94] 赵程,田加深,松田浩,等.单轴压缩下基于全局应变场分析的岩石裂纹扩展及其损伤演化特性研究[J].岩石力学与工程学报,2015,34(4):763-769.

[95] 赵程,刘丰铭,田加深,等.基于单轴压缩试验的岩石单裂纹扩展及损伤演化规律研究[J].岩石力学与工程学报,2016,35(增2):3626-3632.

[96] 赵程,于志敏,王文东,等.基于单轴压缩的岩体破坏机制细观试验研究[J].岩石力学与工程学报,2016,35(12):2490-2498.

[97] 蒲成志,曹平,陈瑜,等.不同裂隙相对张开度下类岩石材料断裂试验与破坏机理[J].中南大学学报(自然科学版),2011,42(8):2394-2399.

[98] 蒲成志,曹平,衣永亮.单轴压缩下预制2条贯通裂隙类岩材料断裂行为[J].中南大学学报(自然科学版),2012,43(7):2708-2716.

[99] 蒲成志,曹平,赵延林,等,单轴压缩下多裂隙类岩石材料强度试验与数值分析[J].岩土力学,2010,31(11):3661-3666.

[100] CHEN L Y, LIU J J. Numerical analysis on the crack propagation and failure characteristics of rocks with double fissures under the uniaxial compression[J]. Petroleum,2015,1(4):373-381.

[101] CHEN M L, JING H W, MA XJ, et al. Fracture evolution characteristics of sandstone containing double fissures and a single circular hole under uniaxial compression[J]. International Journal of Mining Science and Technology,2017,27(3):499-505.

［102］PU C Z, CAOP. Failure characteristics and its influencing factors of rock-like material with multi-fissures under uniaxial compression［J］. Transactions of nonferrous metals society of China,2012,22(1):185-191.

［103］杨圣奇,黄彦华,刘相如.断续双裂隙岩石抗拉强度与裂纹扩展颗粒流分析[J].中国矿业大学学报,2014,43(2):220-226.

［104］黄彦华,杨圣奇.非共面双裂隙红砂岩宏细观力学行为颗粒流模拟[J].岩石力学与工程学报,2014,33(8):1644-1653.

［105］黄达,黄润秋,雷鹏.贯通型锯齿状岩体结构面剪切变形及强度特征[J].煤炭学报,2014,39(7):1229-1237.

［106］李凡,李雪峰.两条雁行预制裂隙贯通机制的细观数值模拟[J].深圳大学学报(理工版),2013,30(2):190-194.

［107］CAO R H,CAO P,LINH,et al. Mechanical behavior of an opening in a jointed rock-like specimen under uniaxial loading: experimental studies and particle mechanics approach[J]. Archives of civil and mechanical engineering,2018,18(1):198-214.

［108］BIDGOLI M N, ZHAO Z H, JING LR. Numerical evaluation of strength and deformability of fractured rocks［J］. Journal of rock mechanics and geotechnical engineering,2013,5(6):419-430.

［109］蒋明镜,陈贺,张宁,等.含双裂隙岩石裂纹演化机理的离散元数值分析[J].岩土力学,2014,35(11):3259-3268,3288.

［110］谢璨,李树忱,平洋,等.峰后裂隙岩石非线性损伤特性与数值模拟研究[J].岩土力学,2017,38(7):2128-2136.